普通高等院校
工程图学类
—系列教材—

U0655952

现代工程图学习题集

（第3版）

主编 叶 霞 张向华 董晓英

清华大学出版社
北 京

内 容 简 介

本书是在《现代工程图学习题集》(第 2 版)的基础上,依据教育部高等学校工程图学课程教学指导分委员会 2019 年制定的《高等学校工程图学课程教学基本要求》,结合近几年课程教学改革和实践经验以及机械制图课程应用型人才培养目标、制图相关的现行国家标准等编写而成。本习题集与叶霞、张向华、董晓英主编的《现代工程图学》(第 3 版)教材配套使用。

本书共分 10 章,包括制图基本知识、正投影法基础、立体的投影、组合体的视图、轴测图、机件常用表达方法、标准零件与常用零件、零件图、装配图和计算机绘图。本习题集配有丰富的电子资源,可通过扫描书中带有 🖳 标识的图片,即时获取对应的三维立体模型。

本书可供应用型本科院校机械类、近机类各专业学生在学习“机械制图”相关课程时使用或参考。

图书在版编目(CIP)数据

现代工程图学习题集 / 叶霞,张向华,董晓英主编. -- 3 版. -- 北京:清华大学出版社,2025. 9.
(普通高等院校工程图学类系列教材). -- ISBN 978-7-302-70325-9

Ⅰ. TB23-44

中国国家版本馆 CIP 数据核字第 2025F1D318 号

责任编辑:苗庆波
封面设计:傅瑞学
责任校对:王淑云
责任印制:刘 菲

出版发行:清华大学出版社
　　　　网　　　址:https://www.tup. com. cn,https://www.wqxuetang. com
　　　　地　　　址:北京清华大学学研大厦 A 座　　　　　　　　　　　邮　　编:100084
　　　　社 总 机:010-83470000　　　　　　　　　　　　　　　　　　邮　　购:010-62786544
　　　　投稿与读者服务:010-62776969,c-service@ tup. tsinghua. edu. cn
　　　　质量反馈:010-62772015,zhiliang@ tup. tsinghua. edu. cn
印 装 者:三河市科茂嘉荣印务有限公司
经　　销:全国新华书店
开　　本:260mm×185mm　　　　　　　印　　张:10.25　　　　　　　字　　数:123 千字
版　　次:2007 年 7 月第 1 版　2025 年 9 月第 3 版　　　　　　　　　印　　次:2025 年 9 月第 1 次印刷
定　　价:39. 80 元

产品编号:088250-01

前　言

　　本书与叶霞、张向华、董晓英主编的《现代工程图学》(第3版)教材配套使用。本书是在《现代工程图学习题集》(第2版)的基础上,依据教育部高等学校工程图学课程教学指导分委员会2019年制定的《高等学校工程图学课程教学基本要求》,结合近几年课程教学改革和实践经验以及机械制图课程应用型人才培养目标修订而成。本书内容包括制图基本知识、正投影法基础、立体的投影、组合体的视图、轴测图、机件常用表达方法、标准零件与常用零件、零件图、装配图和计算机绘图。本书可作为应用型本科院校机械类、近机类各专业的制图教材,授课教师可根据本校的教学特点,自行选择题目进行训练。

　　本书在保持第2版特点的基础上,主要做了如下调整与修订:

　　(1) 为了更好地培养学生对工程图样的表达和阅读能力,在零件图和装配图部分增加了部分练习题目。

　　(2) 依据最新国家标准对部分内容进行了修订。

　　(3) 本书为新形态教材,大部分题目都提供了AR模型,学生可通过扫描书中带有 🖳 标识的图片进行多角度观察。

　　本书由叶霞、张向华、董晓英任主编,参加修订工作的有叶霞(第1~4章),张向华(第5~6章、第8章),董晓英(第7章、第9~10章)。全书由叶霞负责统稿和定稿。

　　由于编者水平所限,书中不足之处敬请广大读者批评指正。

编　者

2025年6月

目　　录

1-1　字体练习。

(1) 汉字。

机械制图技术要求国家标准名称数量比例视零件序号基本知识密封求

齿轮泵滑块螺栓钉开口销轴中心线型工作原理例视零件序号技术要全

表面粗糙度公差配合热处理其余全部倒角图号斜

1-1 字体练习。

(2) 数字和字母。

1234567890123456789012345678 9

ABCDEFGHIJKLMNOPQRSTUVWXYZABC

ABCDEFGHIJKLMNOPQRST

abcdefghijklmnopqrst

1-2　图线练习——在 A3 图纸上照示例画图。

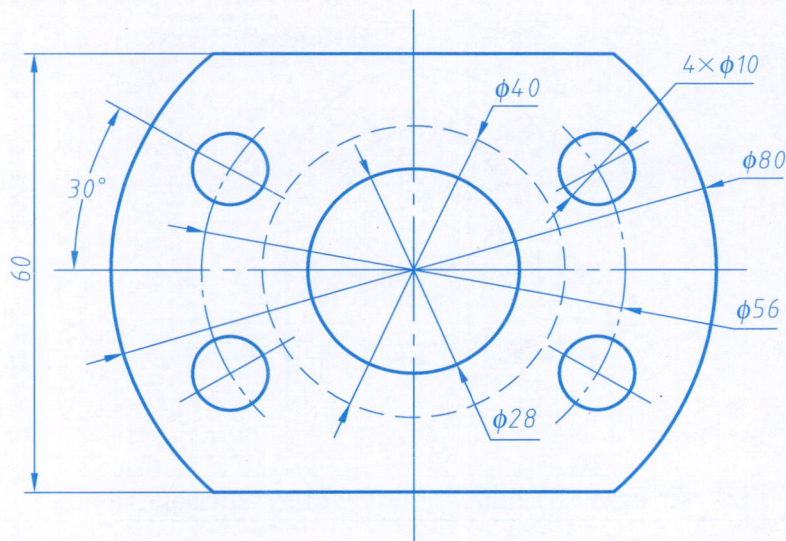

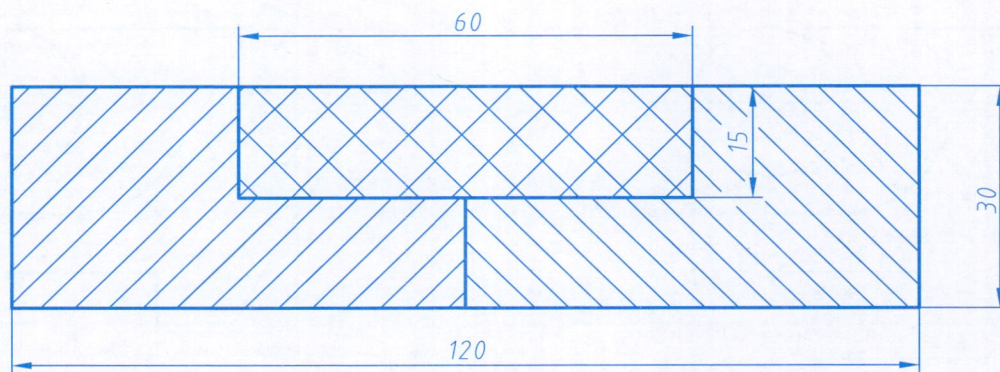

1-3 标注平面图形的尺寸 (尺寸数值按1∶1从图上量取并取整)。

(1)

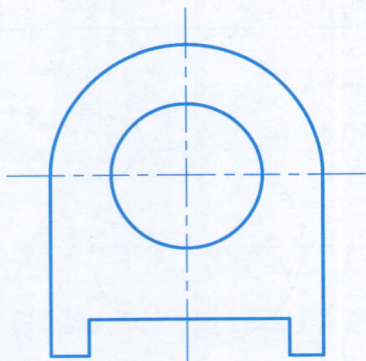

(2)

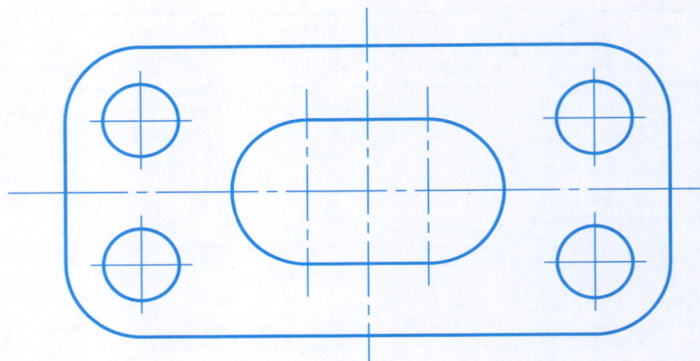

1-4 分析图中尺寸标注的错误,并在右图上作正确的标注。

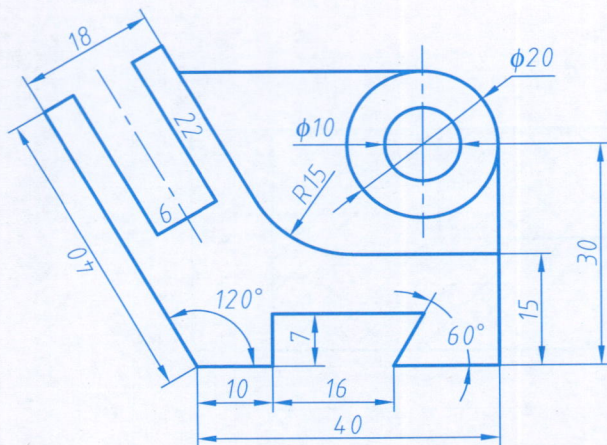

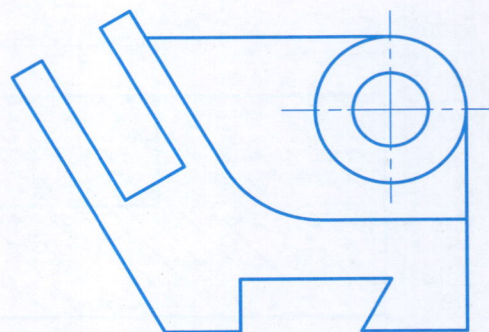

1-5　几何作图(按1:1作图)。

(1)斜度。

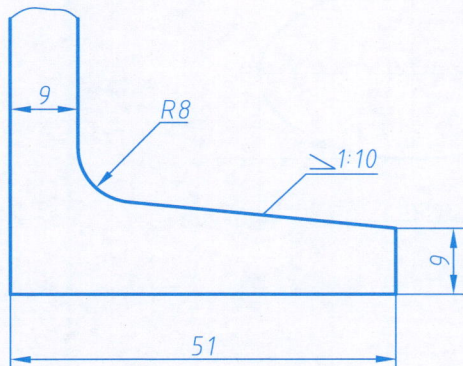

(2)锥度。

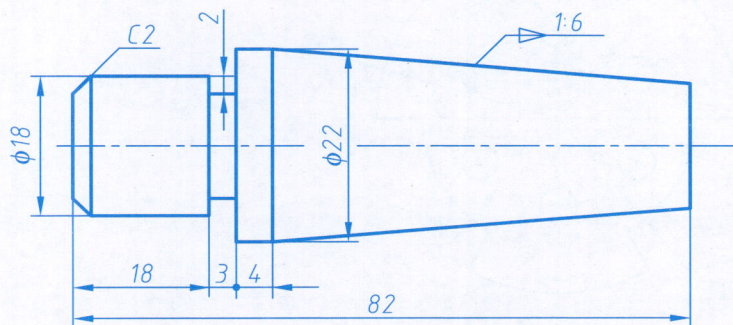

1-5　几何作图 (按 1:1 作图)。

(3) 等分圆周。

$6\times\phi4$

$60°$

$\phi48$

$\phi24$

$\phi36$

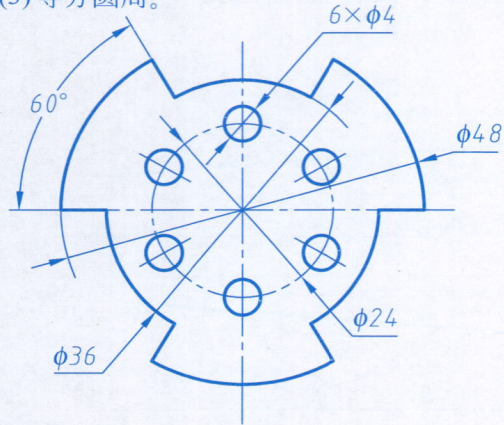

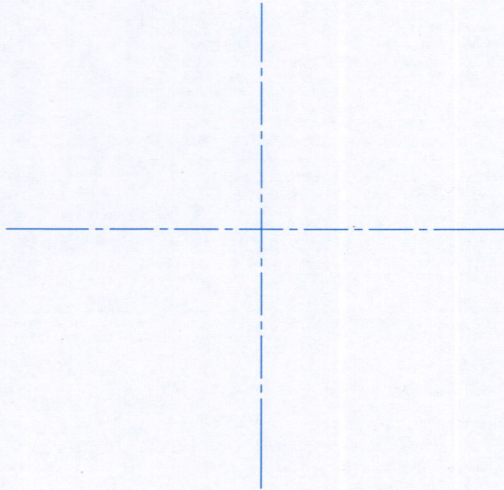

(4) 用四心圆法画椭圆。

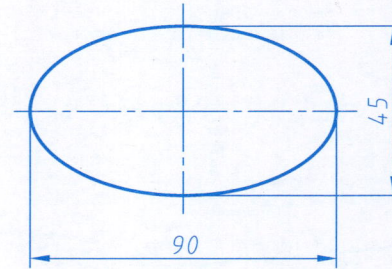

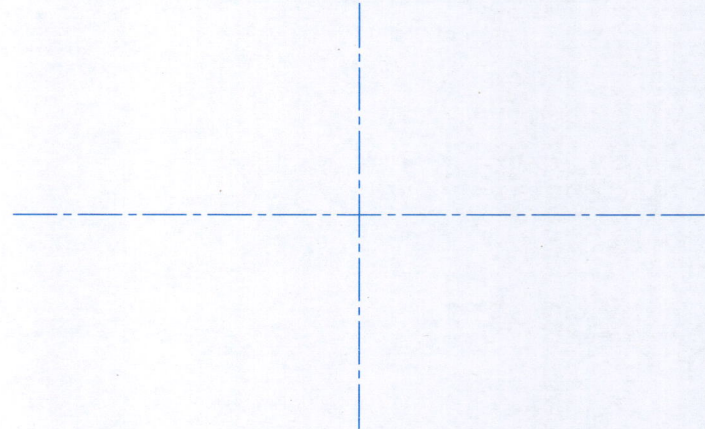

45

90

1-6 在指定位置按 1：1 抄画所示图形，并标注尺寸。

(1)

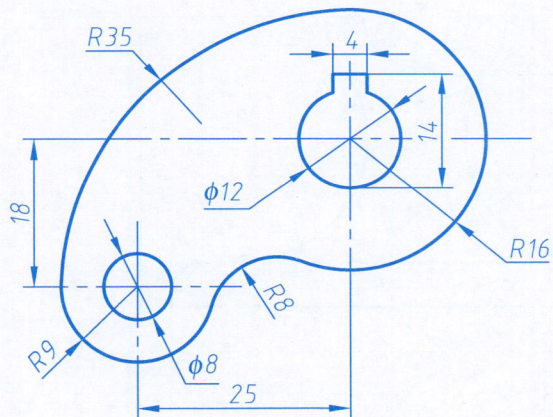

(2)

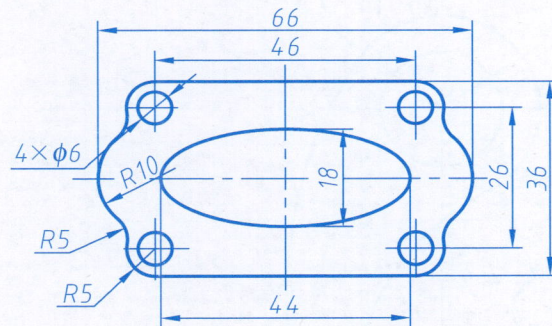

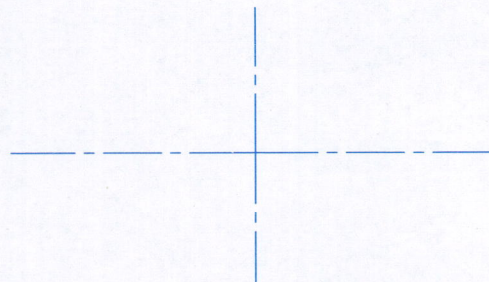

1-6　在指定位置按 1∶1 抄画所示图形,并标注尺寸。

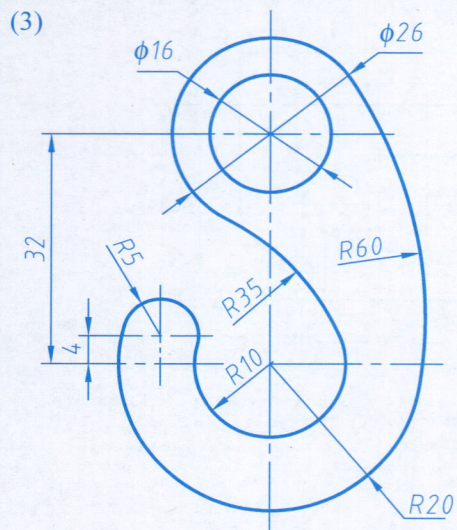

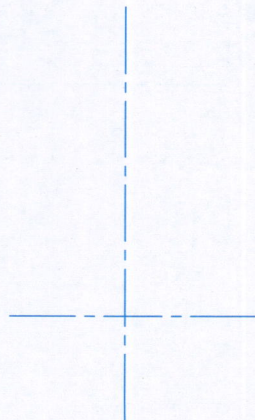

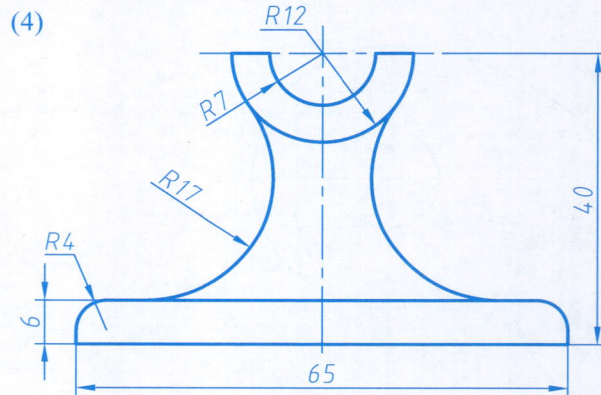

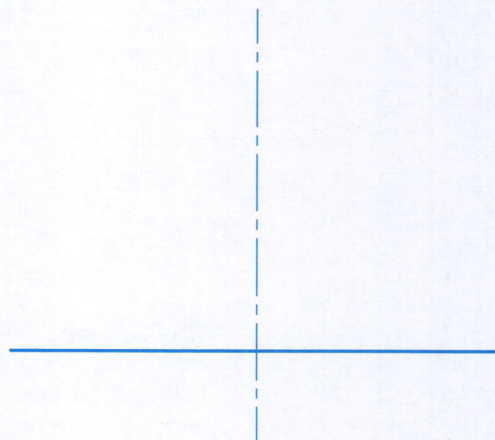

(3)

$\phi16$　$\phi26$

32

R5　R60

R35

4　R10

R20

(4)

R12

R7

R17

R4

40

6

65

1-7　选择适当的图幅及比例，在图纸上作出下列图形，并标注尺寸。

(1)

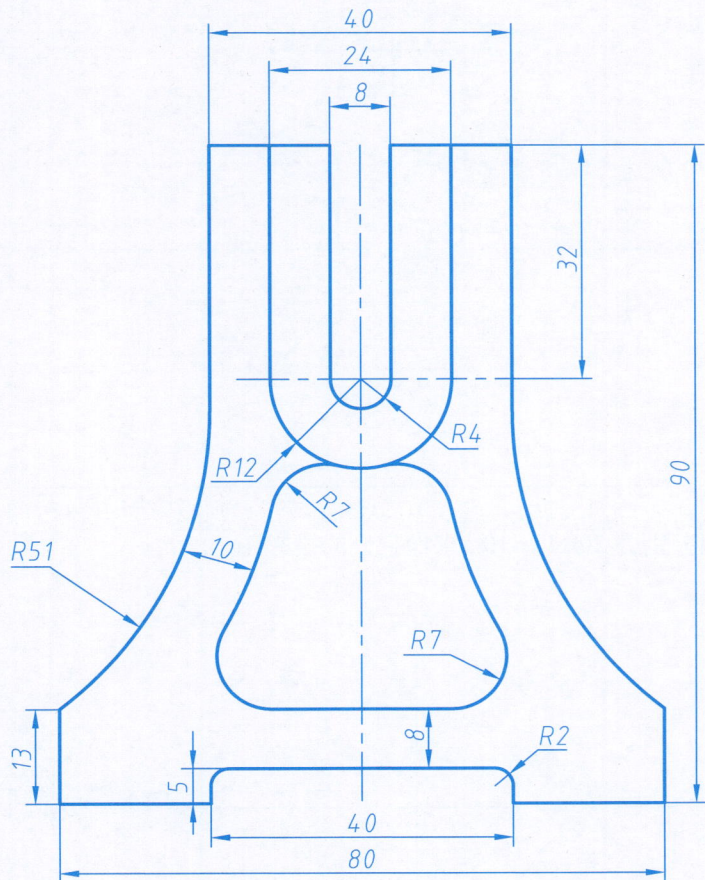

(2)

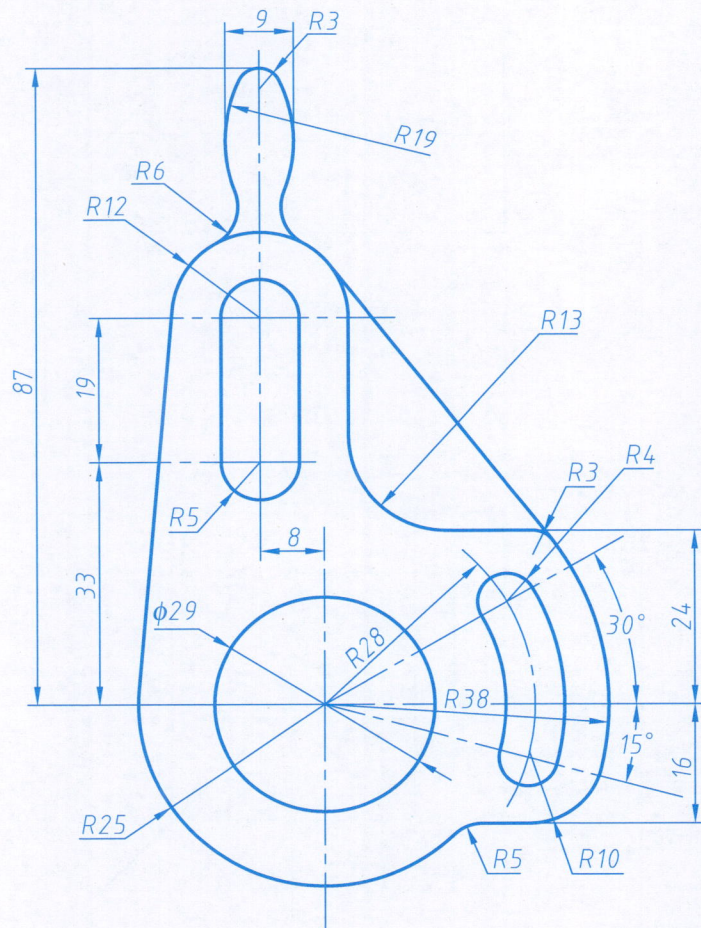

2-1　点的投影。

(1) 根据立体图作出 A、B、C 三点的投影图；根据投影图作出
　　点 D、E 的立体图。

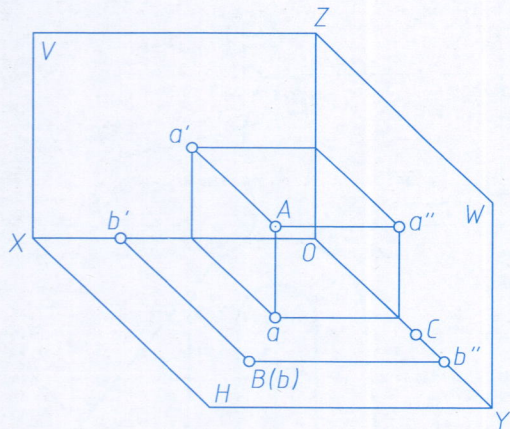

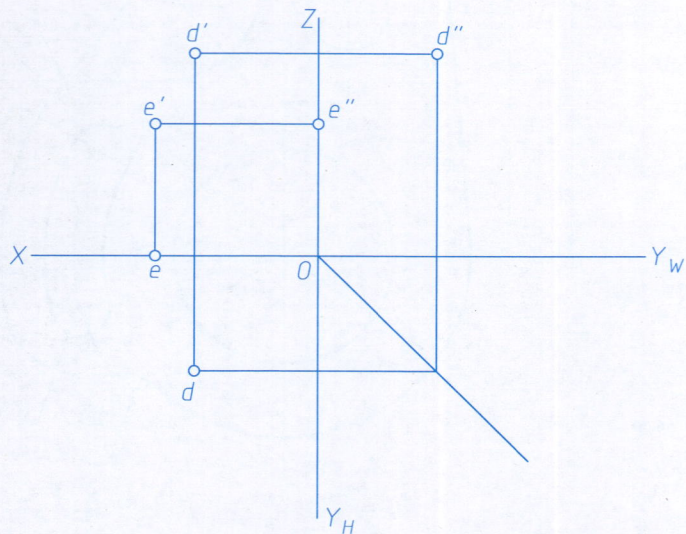

(2) 已知各点的两面投影，求作第三面投影。

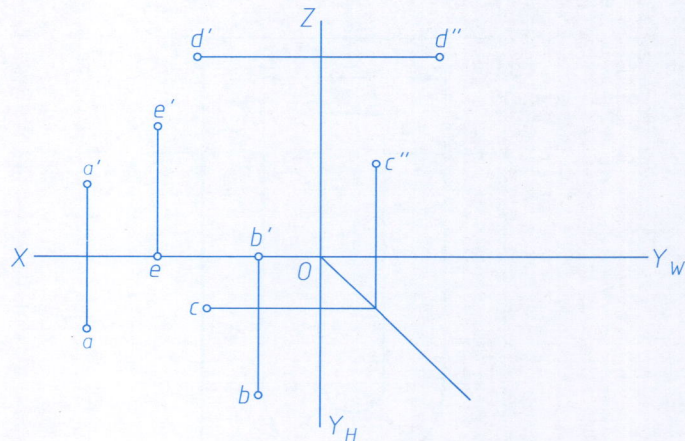

(3) 已知点 A(25, 15, 20)、点 B(10, 0, 15)、点 C 到投影面 W、V、H 的
　　距离分别为 20、15、10，求作它们的投影图。

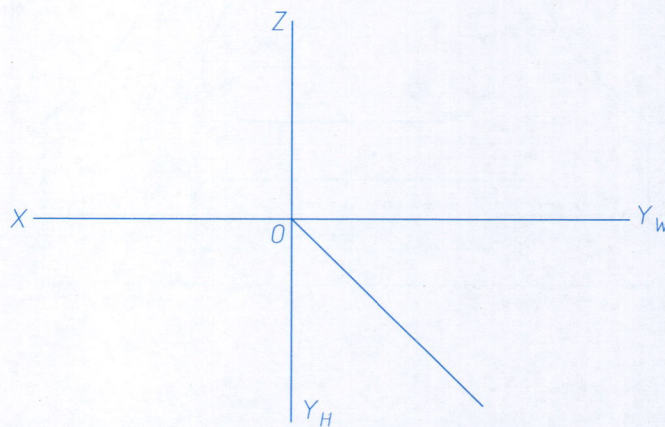

2-1　点的投影。

(4) 比较 A、B、C 三点的相对位置：B 点在 A 点的 ___、___、___；

　　　　　　　　　　　　　　　　B 点在 C 点的 ___、___、___；

　　　　　　　　　　　　　　　　C 点在 A 点的 ___、___、___。

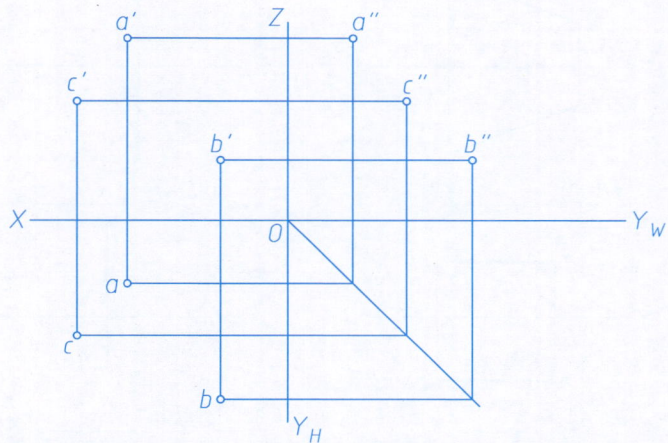

(5) 已知点 A 距 W 面 20；点 B 距点 A10；点 C 与点 A 是对 V 面的重影点，且 y 坐标为 30；点 D 在点 A 的正下方 20。试补全各点的三面投影，并表明可见性。

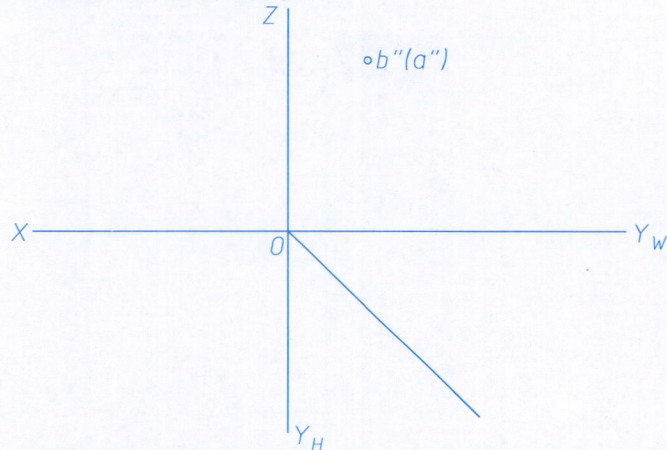

(6) 已知点 A 的三面投影，点 B 在点 A 之前 10，之右 15，之下 5；点 C 在 B 的正上方 10。求作它们的投影图，并判别可见性。

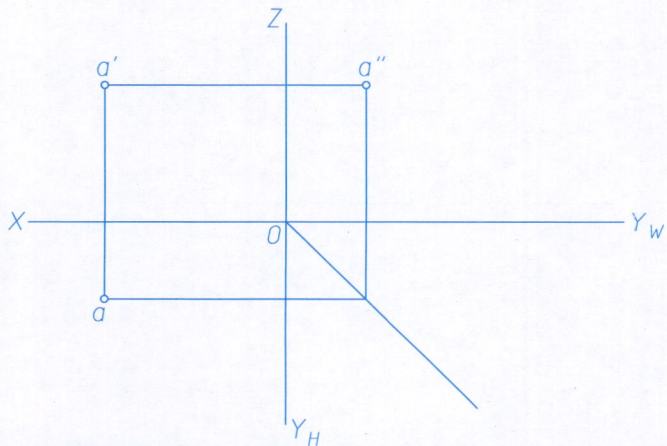

(7) 在物体的三视图中，标出点 A、B、C、D、E 的投影。

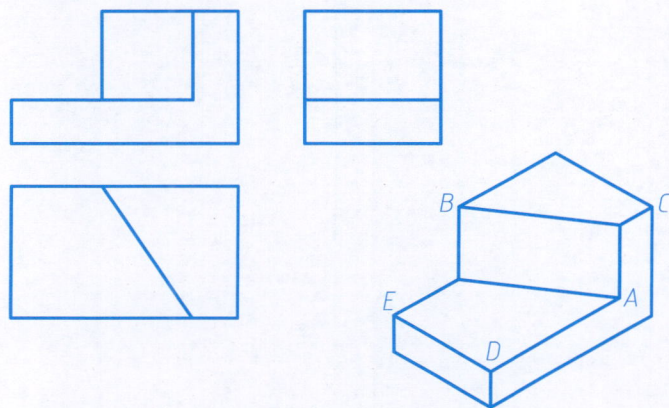

2-2　直线的投影。

(1) 已知：$S(25, 15, 40)$、$A(40, 10, 0)$、$B(25, 35, 0)$、$C(5, 0, 0)$；作出 SA、SB、SC、AB、BC、CA 线段的三面投影，并看看它表示的是什么立体。

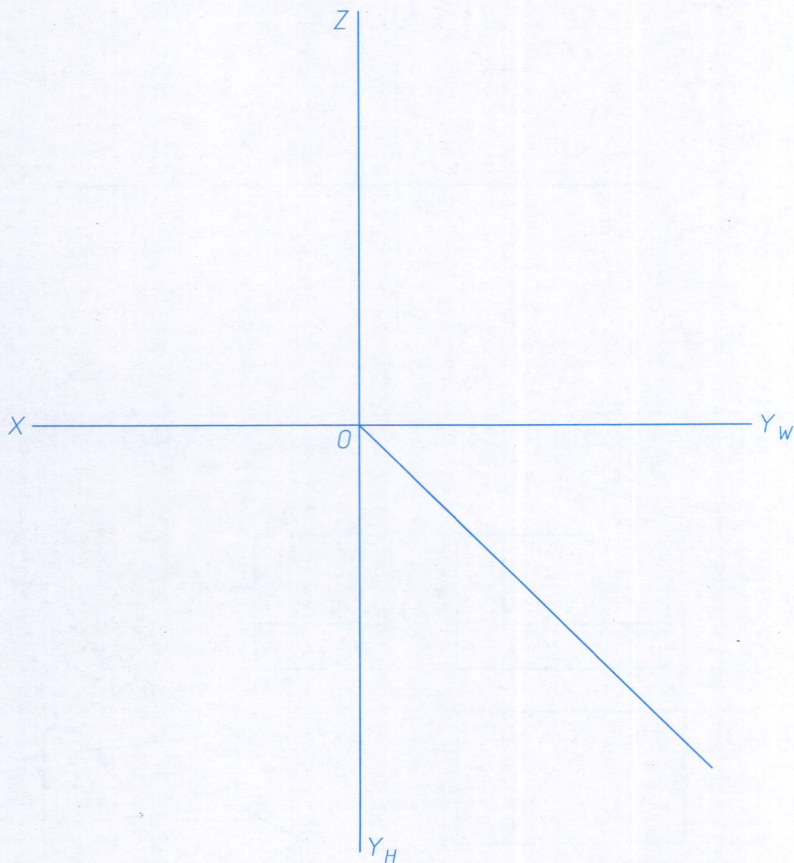

(2) 判断下列直线对投影面的位置，并填写其名称。

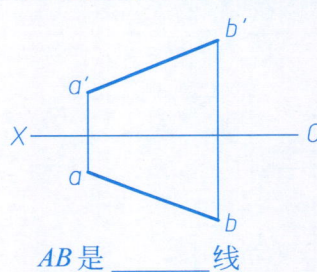

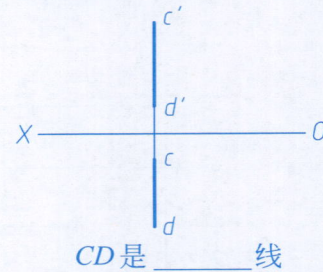

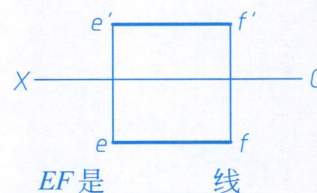

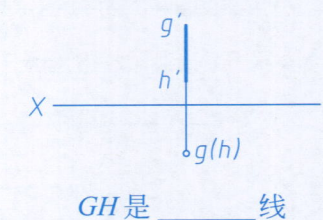

AB 是 ＿＿＿＿＿＿ 线

CD 是 ＿＿＿＿＿＿ 线

EF 是 ＿＿＿＿＿＿ 线

GH 是 ＿＿＿＿＿＿ 线

(3) 已知水平线 AB 在 H 面上方 20，求作它的正面投影，并在该直线上取一点 K，使 $AK=20$。

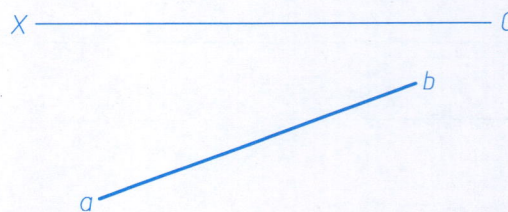

2-2　直线的投影。

(4) 已知正平线 AB 与 H 面的夹角 α=30°，点 B 在 H 面上，求作直线 AB 的三面投影，共有几个答案？请求出全部答案。

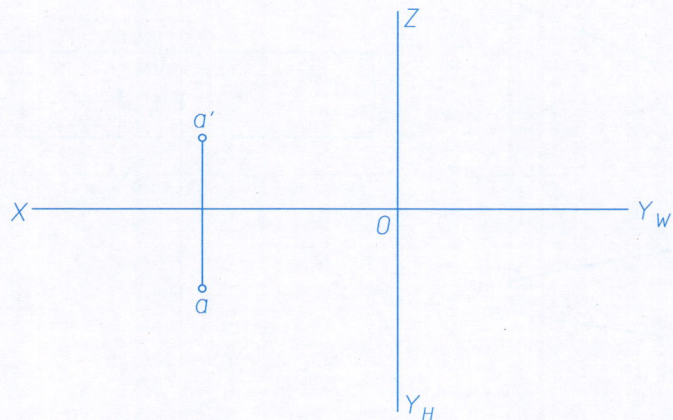

(5) CD 为一铅垂线，它到 V 面及 W 面的距离相等，求作它的其余两面投影。

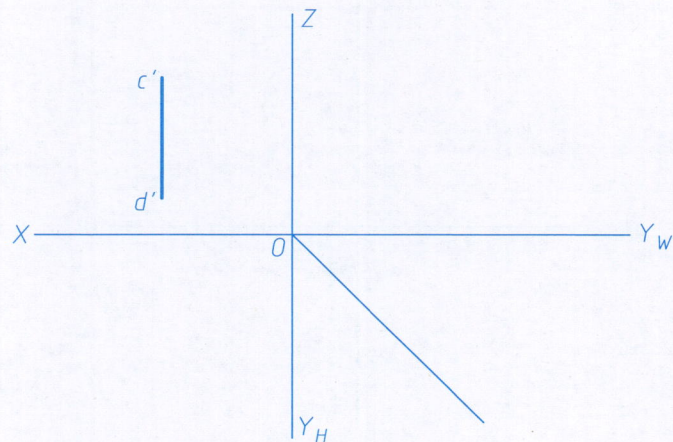

(6) 过点 A 作正垂线 AB，线段长度为 10。

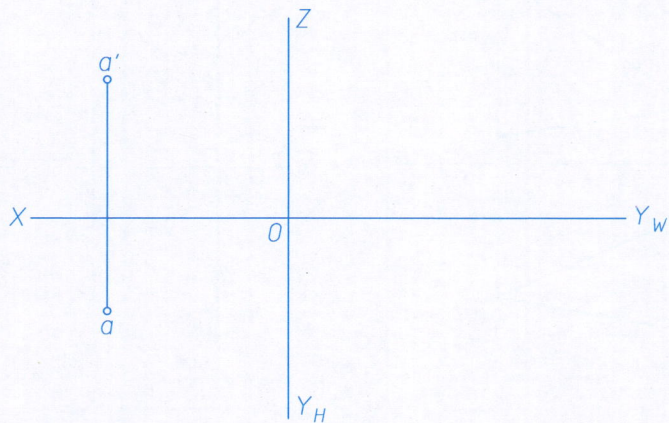

(7) 已知点 K 在直线 AB 上，且距离 V 面 15，作出点 K 的两面投影。

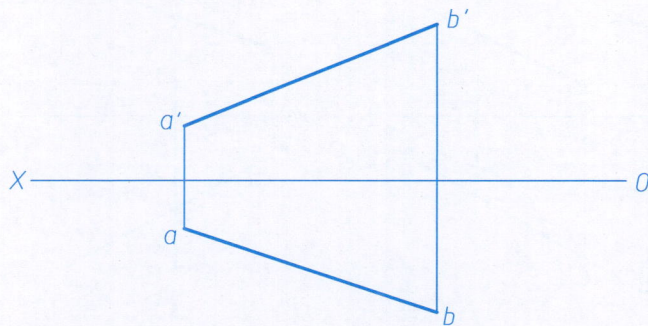

2-2　直线的投影。

(8) 已知直线 CD 上一点 K 的水平投影 k，求 k′。

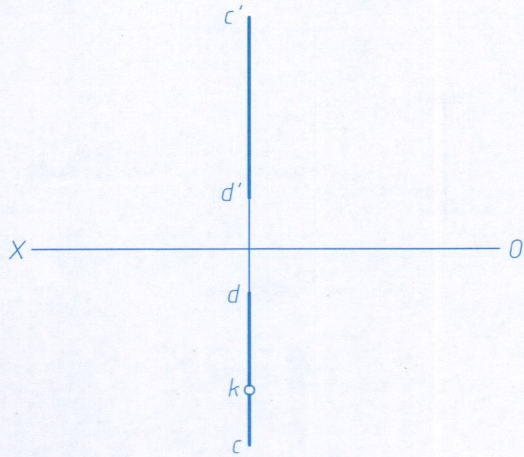

(9) 判断两直线的相对位置。

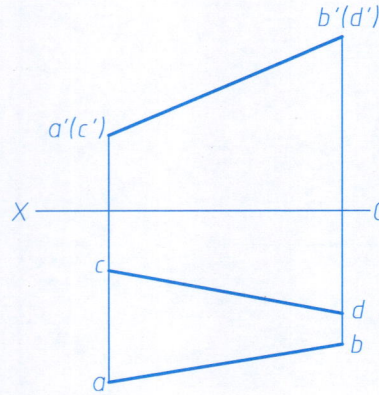

（　　　）

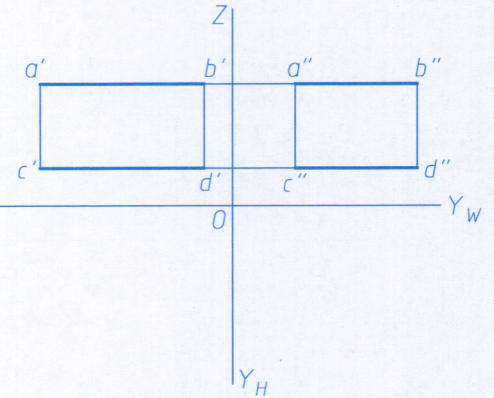

（　　　）

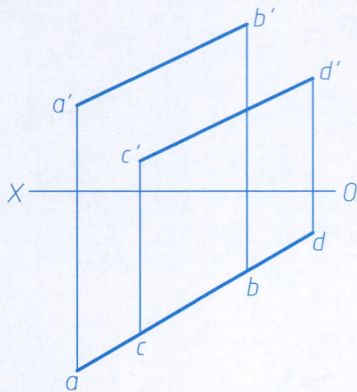

（　　　）

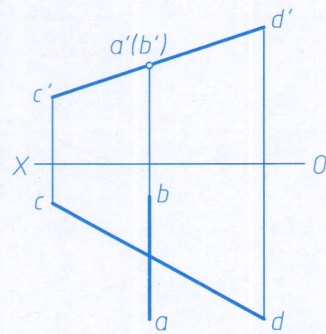

（　　　）

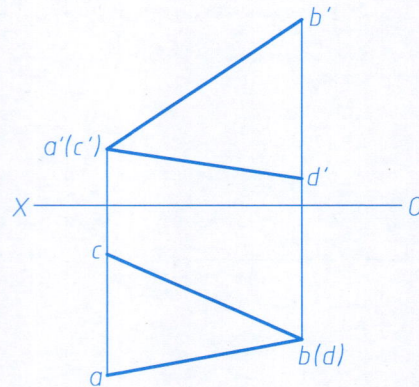

（　　　）

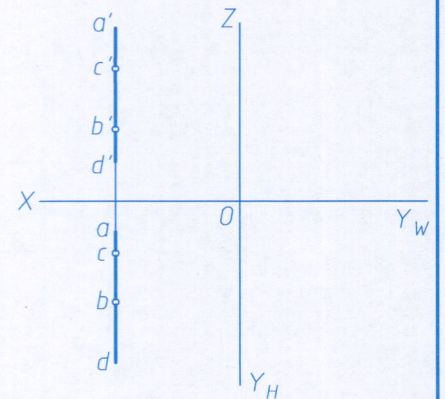

（　　　）

2-2　直线的投影。

(10) 在物体的三视图上标出直线 AB、CD 的三面投影，并判别 AB、CD 的相对位置。

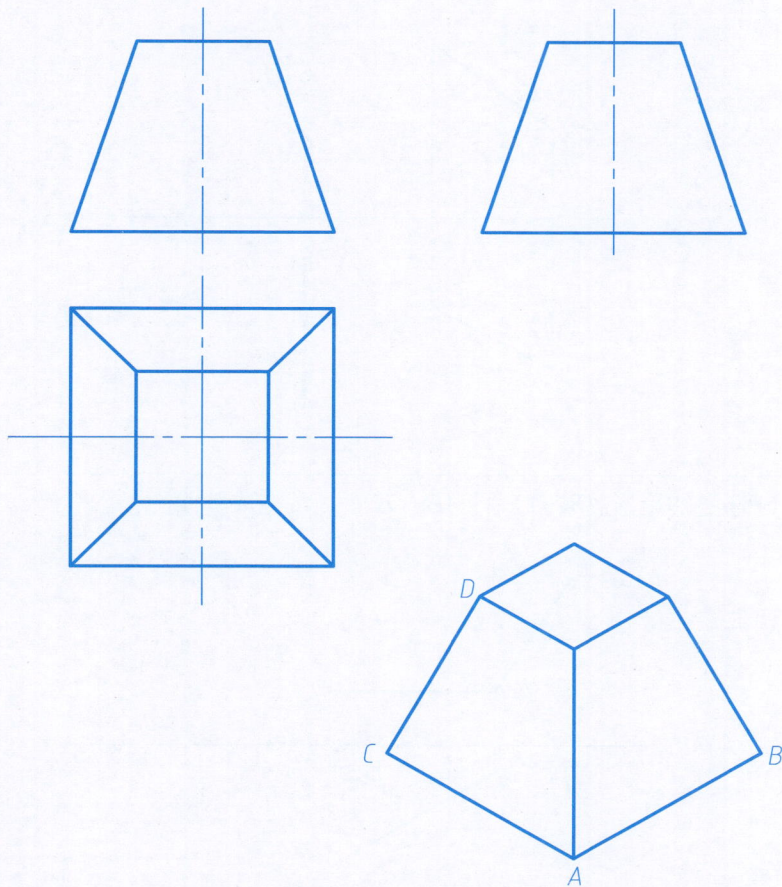

(11) 在直线 AB、CD 上作出重影点的两面投影。

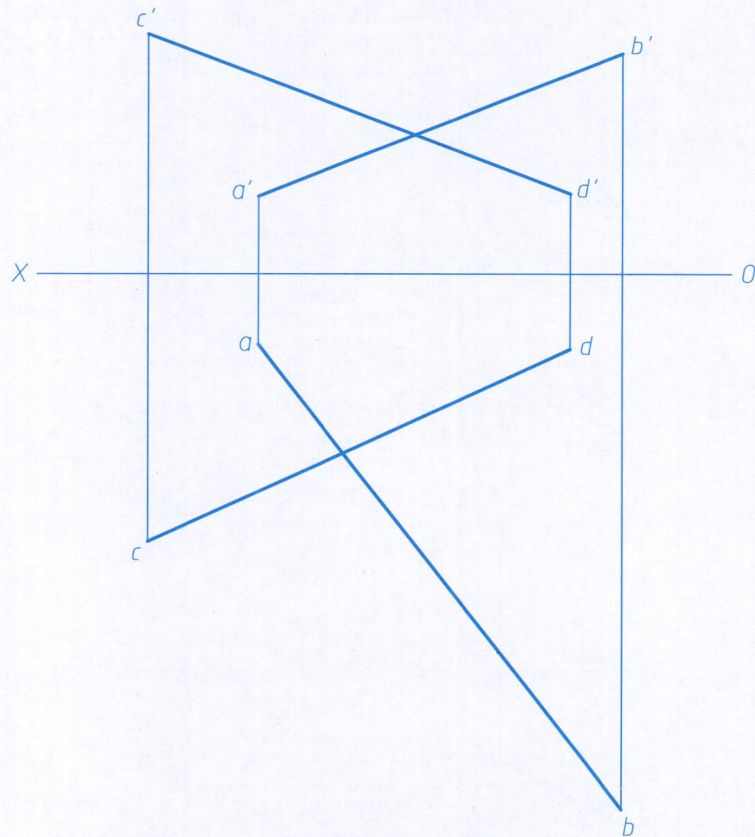

AB、CD 两直线的相对位置：_____

2-2　直线的投影。

(12) 过点 A 作直线 AB 与 CD 相交，交点 B 距离 H 面 12。

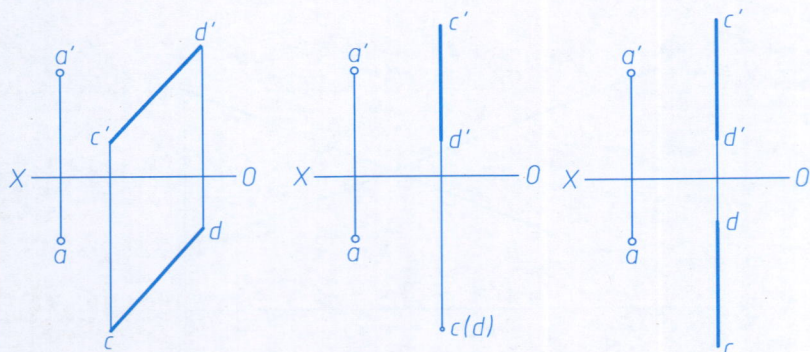

(13) 求作一直线 MN，使它与直线 AB 平行，并与直线 CD 相交于点 K，且 CK:KD=1:2。

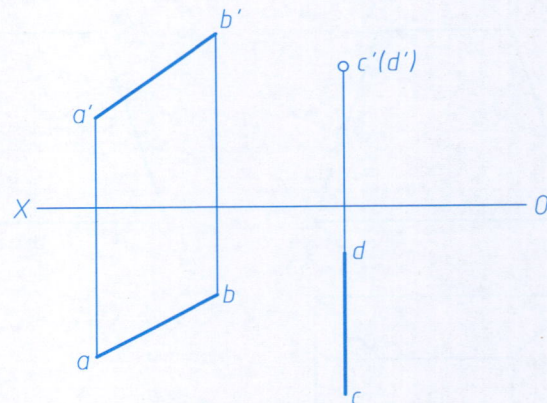

(14) 求作一直线 GH 平行于直线 AB，且与直线 CD、EF 相交。

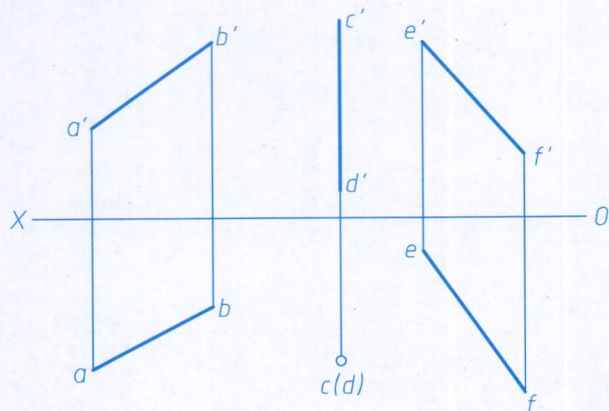

(15) 已知矩形 ABCD，且 AD∥H 面，试完成其两面投影。

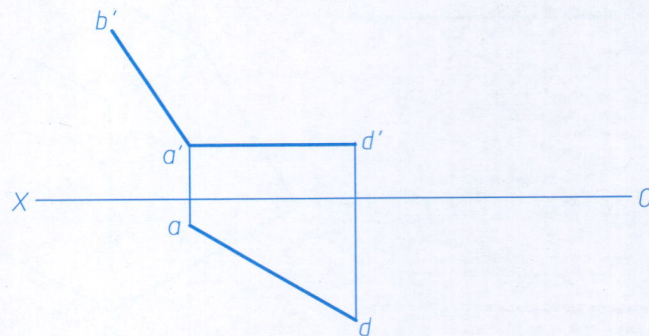

2-2 直线的投影。	2-3 平面的投影。

(16) 求线段 AB 的实长 L 及其对 V 面的倾角 β(用直角三角形法)。

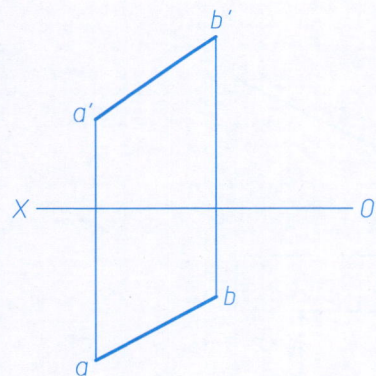

(1) 根据立体图在投影图上标出点、线、面的投影，并判断面和线对投影面的位置。

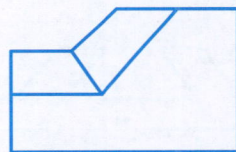

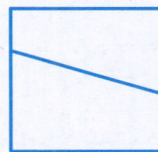

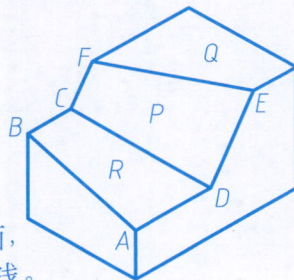

面 P 是 _____ 面，面 Q 是 _____ 面，
面 R 是 _____ 面，线 AB 是 _____ 线。

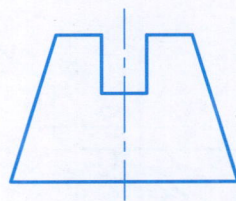

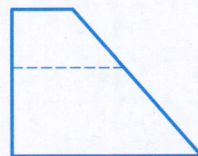

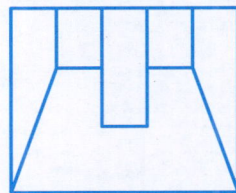

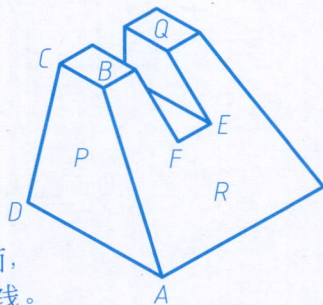

(17) 已知线段 AB=25，求 AB 的水平投影及其对 H 面的倾角 α (用直角三角形法)。

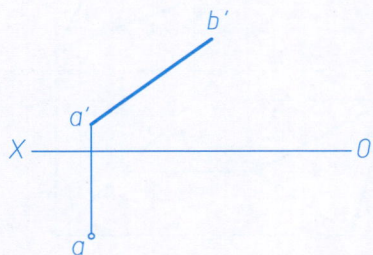

有 _____ 解

面 P 是 _____ 面，面 Q 是 _____ 面，
面 R 是 _____ 面，线 AB 是 _____ 线。

2-3　平面的投影。

(2) 根据平面图形的两面投影，作出第三面投影，并判断平面处于
　　什么空间位置。

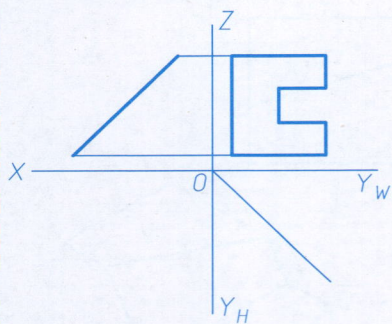

_____ 面

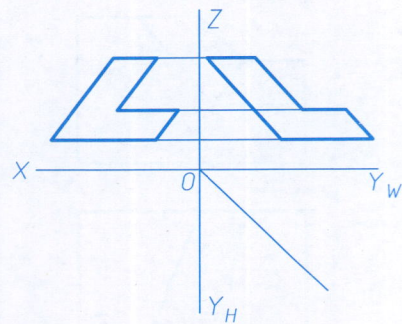

_____ 面

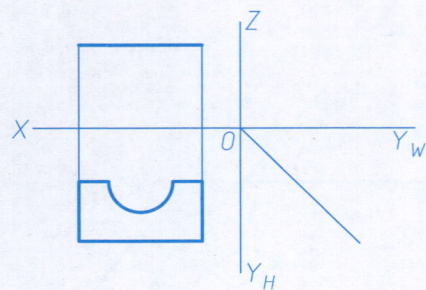

_____ 面

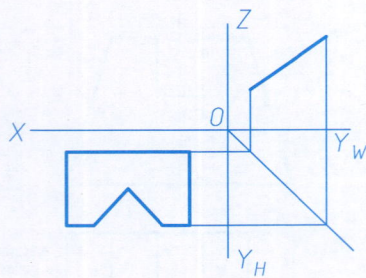

_____ 面

(3) 补全平面图形及该平面上点 K 的投影。

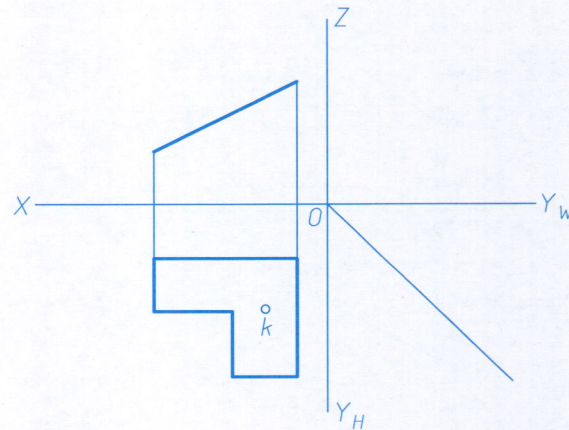

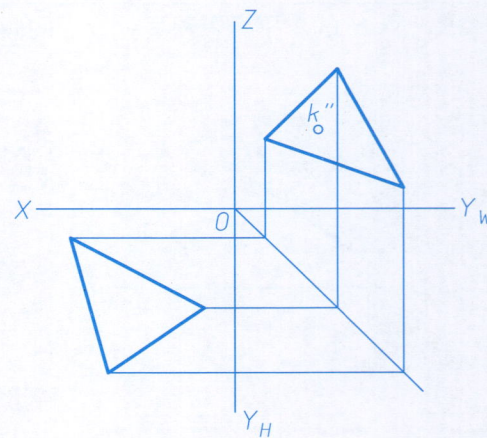

2-3 平面的投影。

(4) 已知平面 ABCD 的对角线 AC 是一正平线，完成其水平投影。

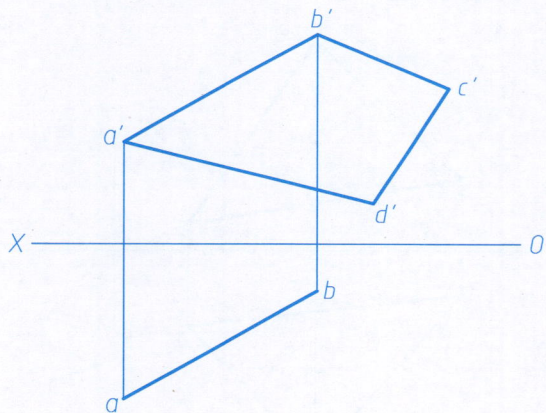

(5) 判别 A、B、C、D 四点是否在同一平面上。

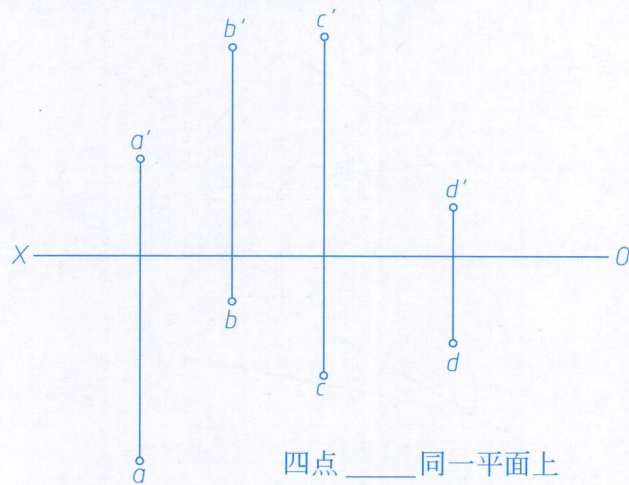

四点 _____ 同一平面上

(6) 完成下列平面图形的水平投影。

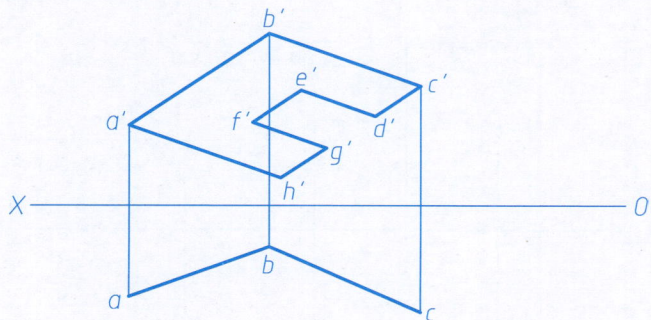

(7) 判断点 K 和直线 AD 是否在平面 ABC 上。

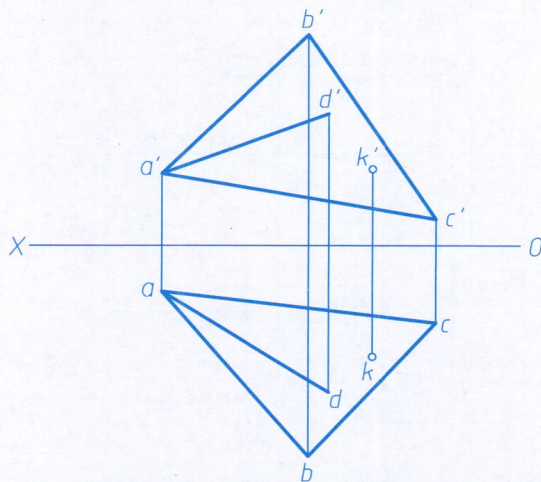

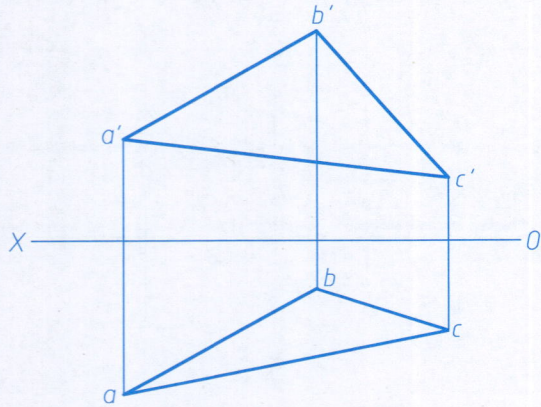

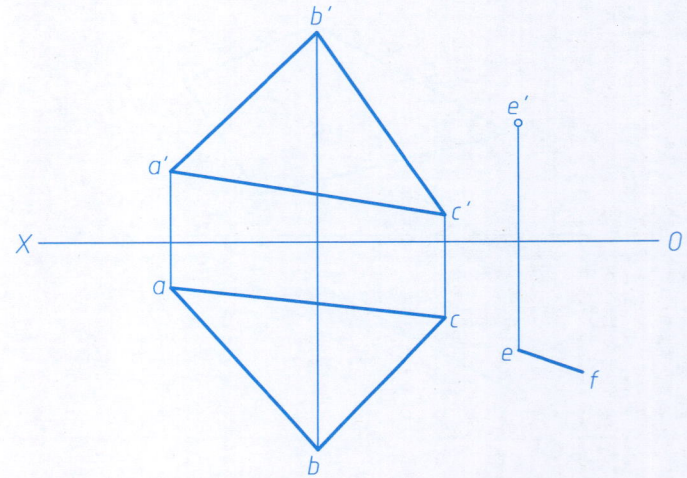

2-3 平面的投影。	2-4 直线与平面的相对位置。
(8) 在平面 *ABC* 内取一点 *K*，使它在 *H* 面上方 18，*V* 面前方 14。	(1) 已知 *EF* ∥ 平面 *ABC*，求作 *e'f'*。
(9) 已知圆心位于点 *A*、直径为 30 的圆为一水平面，求作该圆的三面投影。	(2) 过点 *D* 作一水平线与平面 *ABC* 平行。

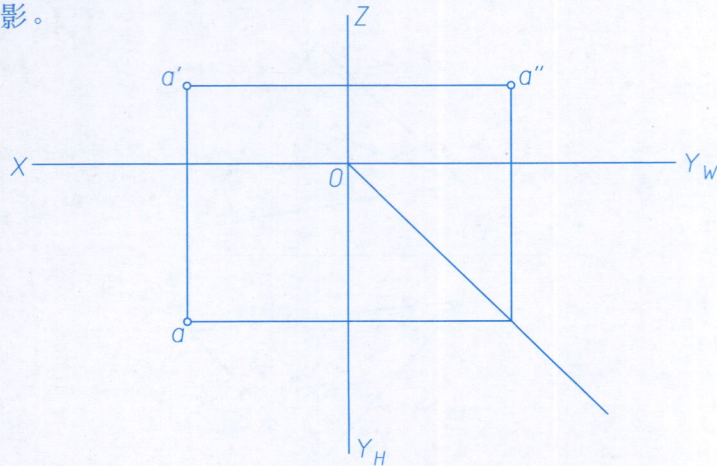

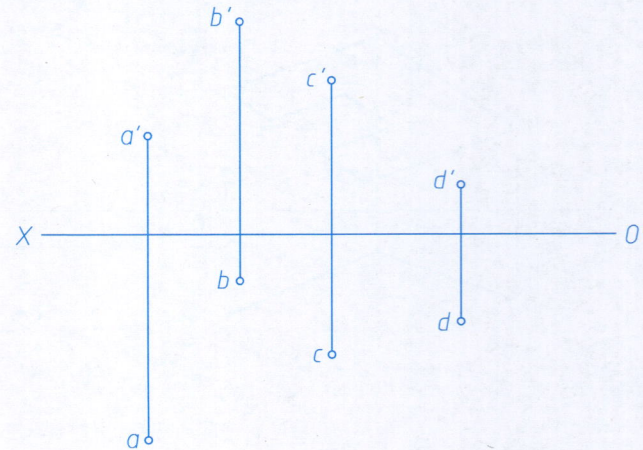

2-4　直线与平面的相对位置。

(3) 已知平面 ABC 与交叉直线 DE、HG 平行，求作平面 ABC 的正面投影。

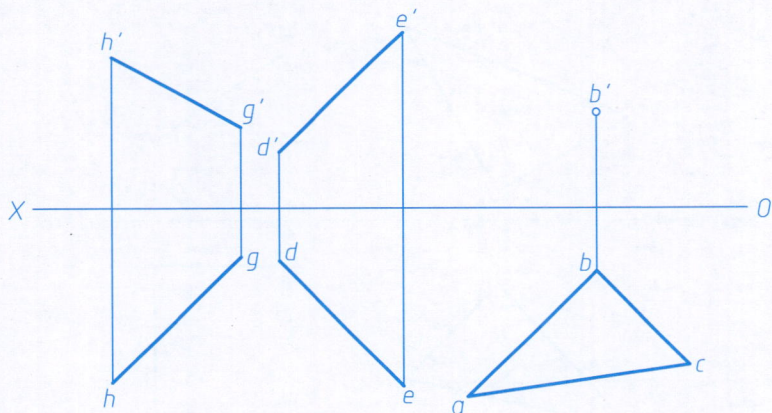

(4) 过点 A 作直线 AB 垂直于平面 CDE，并标出垂足 B。

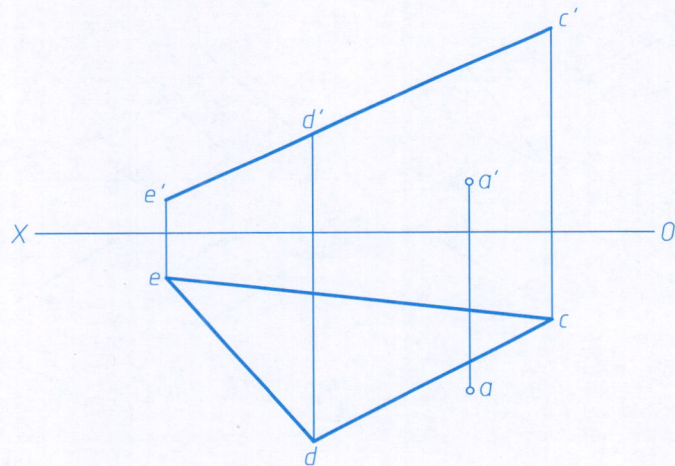

(5) 求直线 AB 与平面的交点 K，并判别可见性。

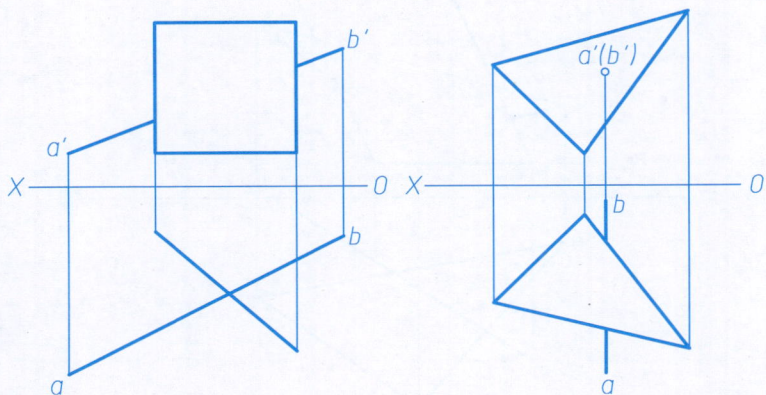

(6) 过点 A 作一平面垂直于直线 AB。

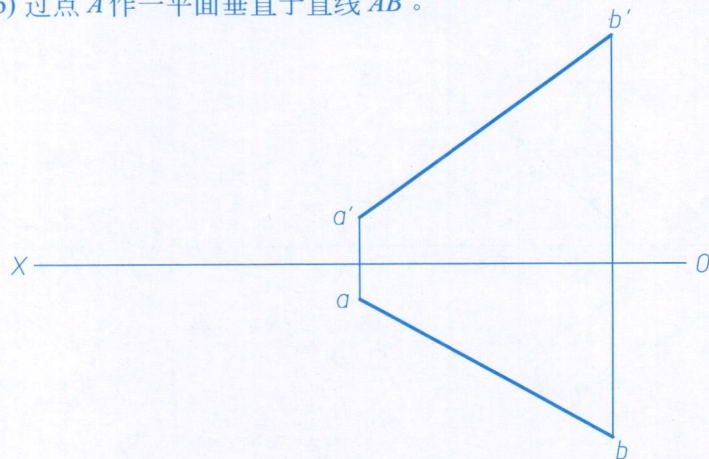

2-5　平面与平面的相对位置。

(1) 判断下列两平面是否平行。

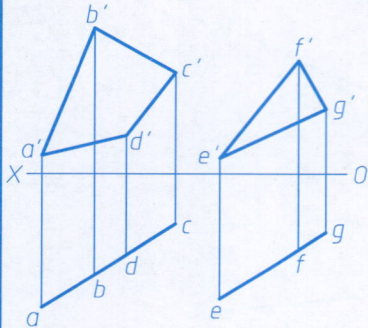

abdc ∥ efg

_____

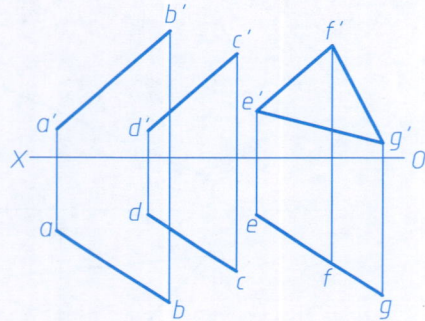

ab ∥ cd ∥ efg, a'b' ∥ c'd' ∥ e'f'

_____

(2) 已知平面 BCD 与平面 PQRS 的两面投影，并知平面 BCD 上点 M 的正面投影 m′，在平面 BCD 上求作直线 MN ∥ 平面 PQRS。

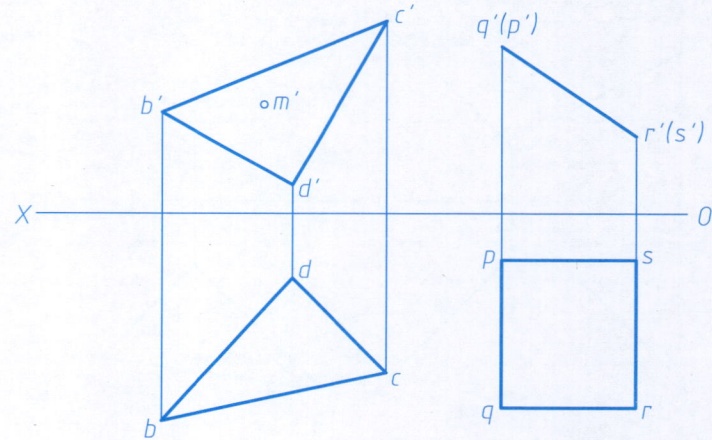

(3) 过点 K 作一平面平行于两直线 AB、CD 确定的平面。

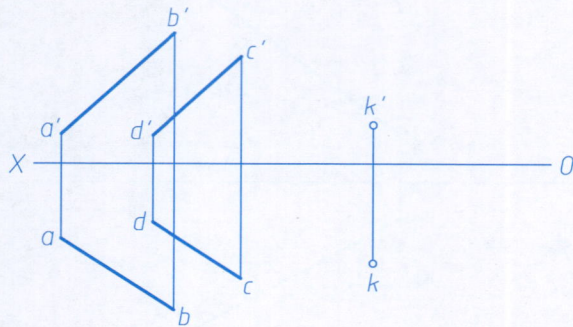

(4) 作平面 P 与平面 ABC 的交线，并判别其可见性。

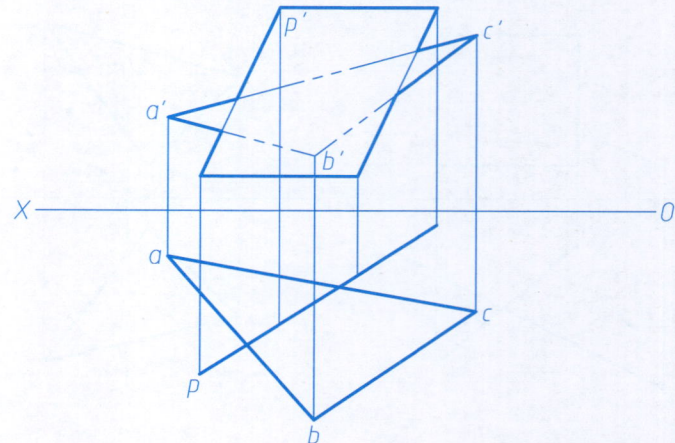

3-1 已知基本体的两面投影和表面点的一面投影，求作基本体的第三投影和表面点的另两面投影。

(1)

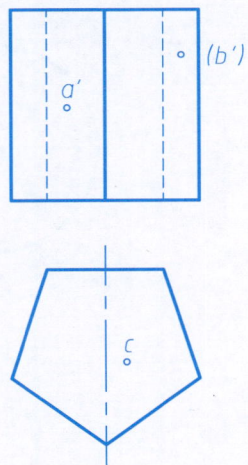

(2)

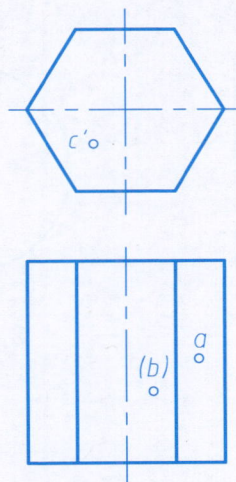

(3)

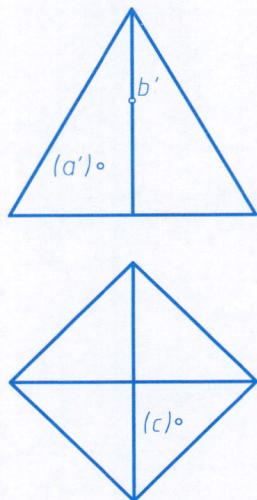

(4)

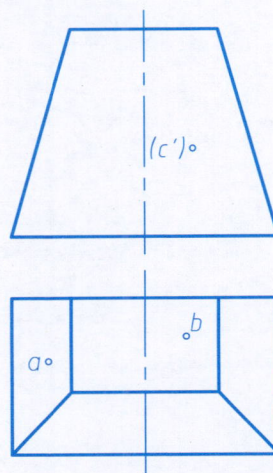

3-1 已知基本体的两面投影和表面点的一面投影，求作基本体的第三投影和表面点的另两面投影。

(5)

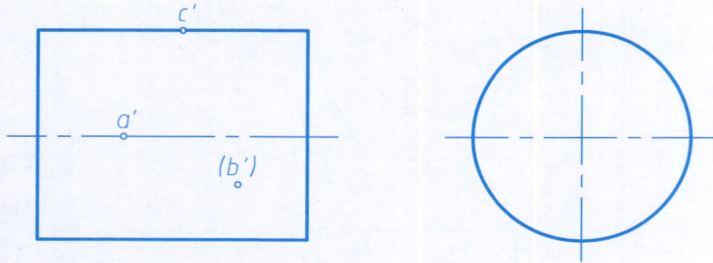

(6)

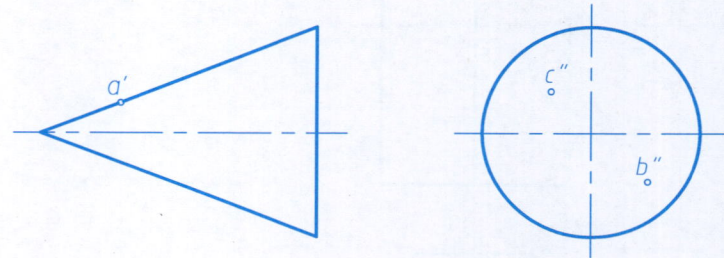

(7)

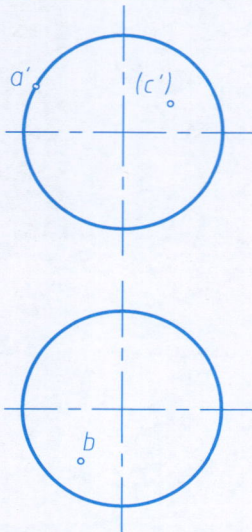

(8)

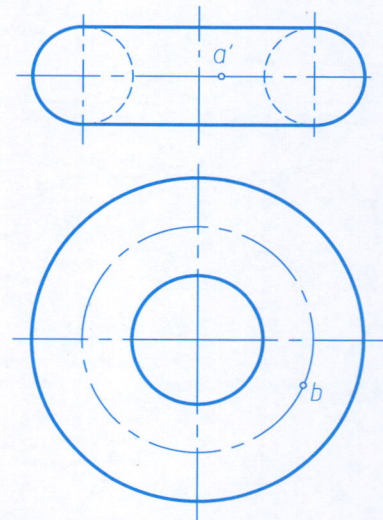

3-2　补全被截切平面立体的三面投影。

(1)

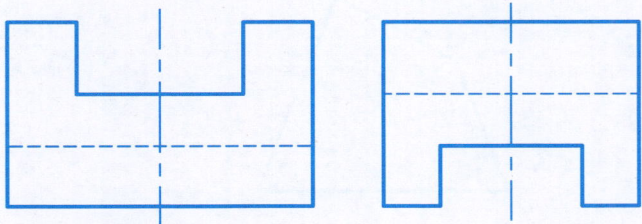

(2)

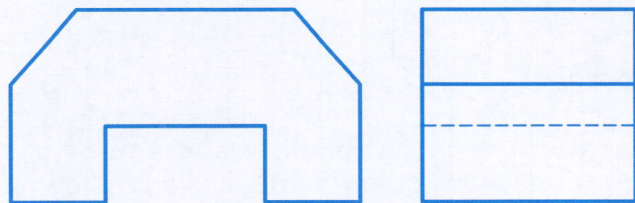

(3)

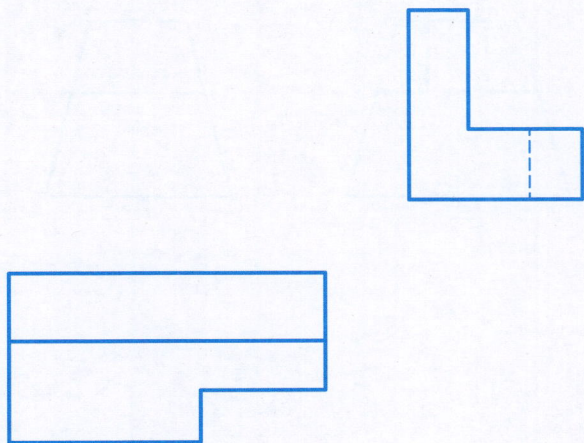

(4)

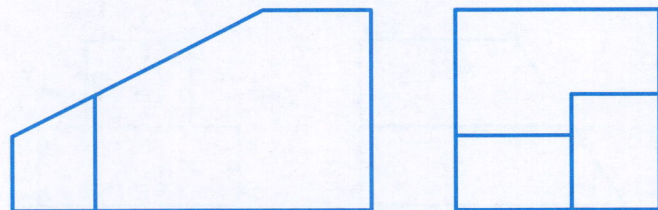

3-2　补全被截切平面立体的三面投影。

(5)

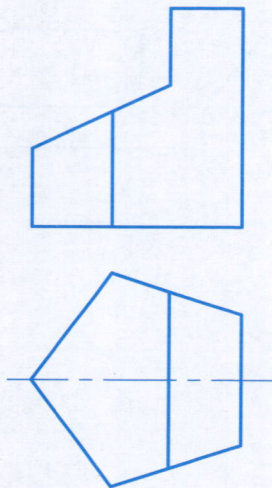

(6)

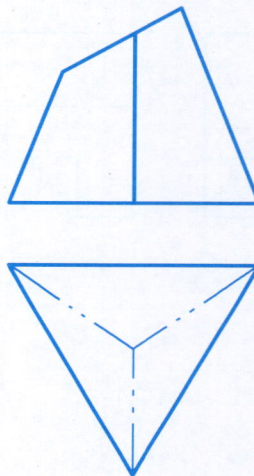

(7)

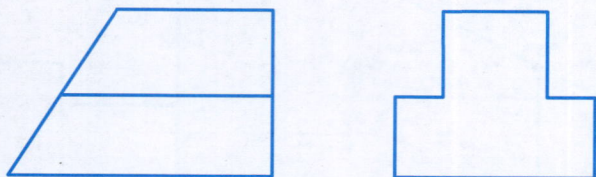

(8)

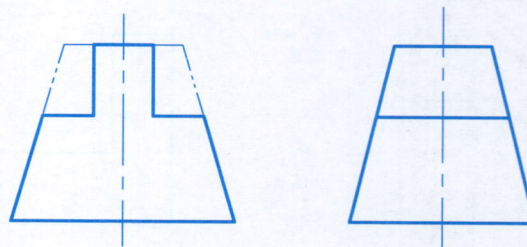

3-2　补全被截切平面立体的三面投影。

(9)

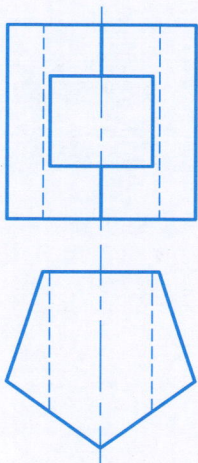

(10)

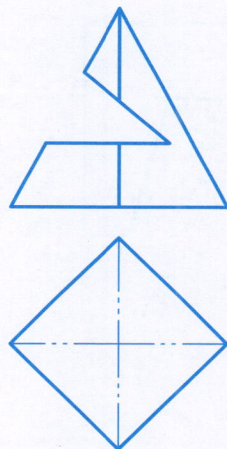

(11)

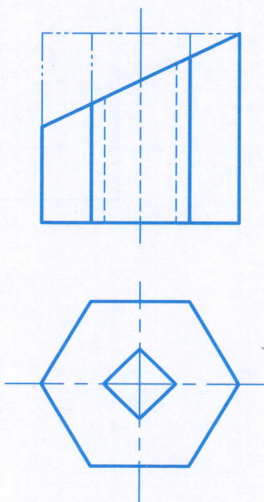

(12)

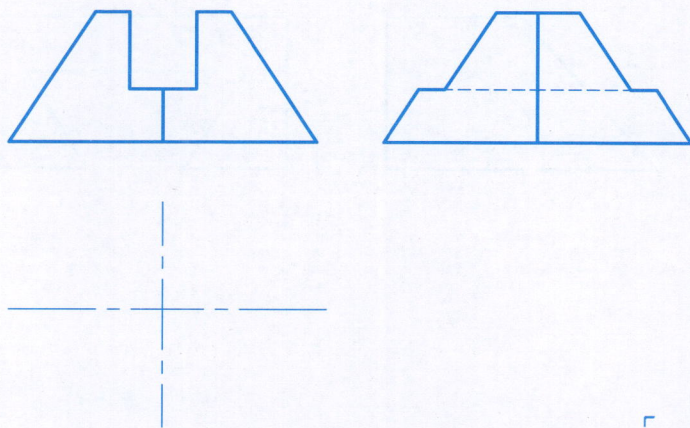

3-2 补全被截切平面立体的三面投影。

(13)

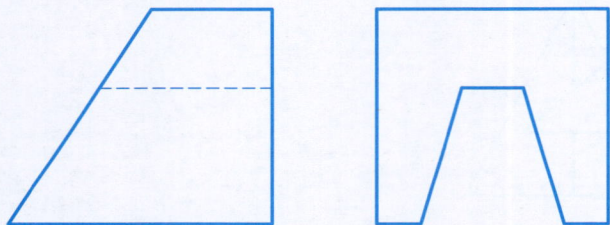

(14)

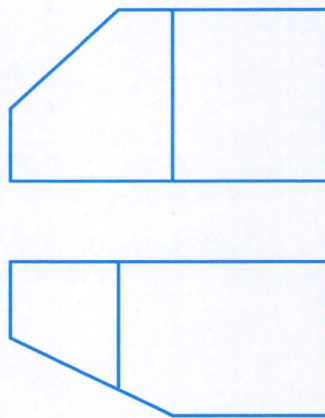

(15)

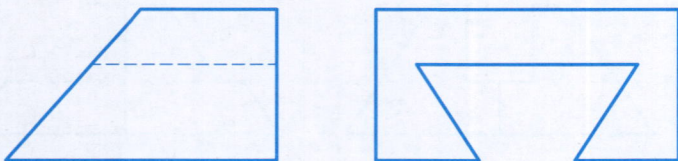

(16)

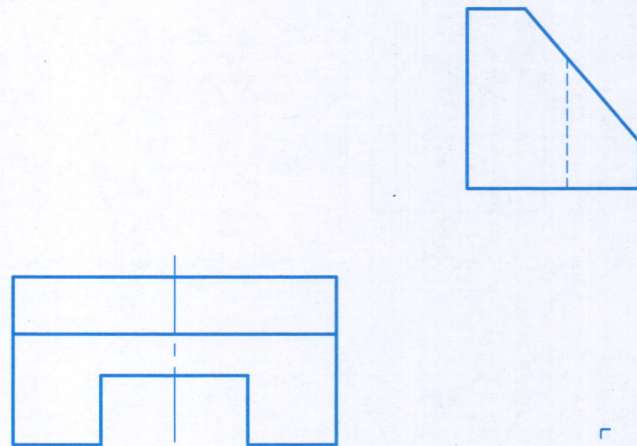

3-2 补全被截切平面立体的三面投影。

(17)

(18)

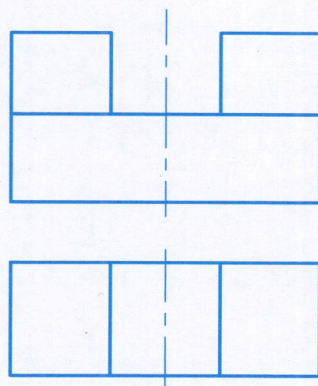

(19)

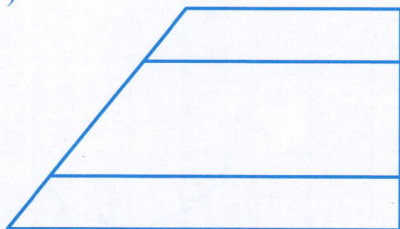 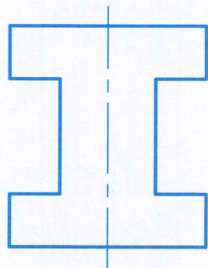

(20)

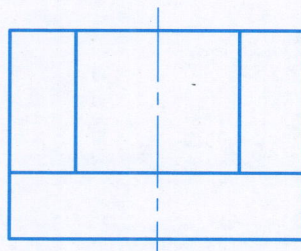 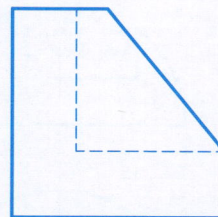

3-3 补全被截切曲面立体的三面投影。

(1)

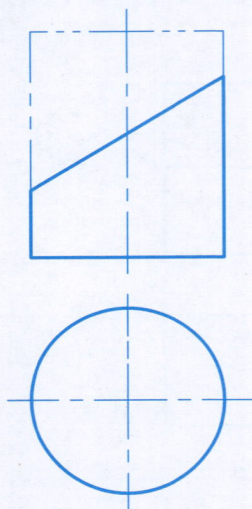

(2)

(3)

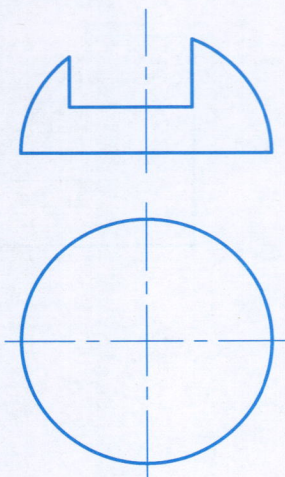

(4)

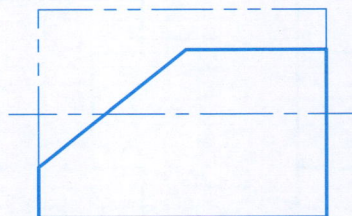
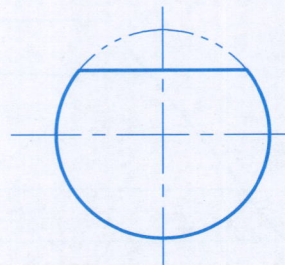

3-3　补全被截切曲面立体的三面投影。

(5)

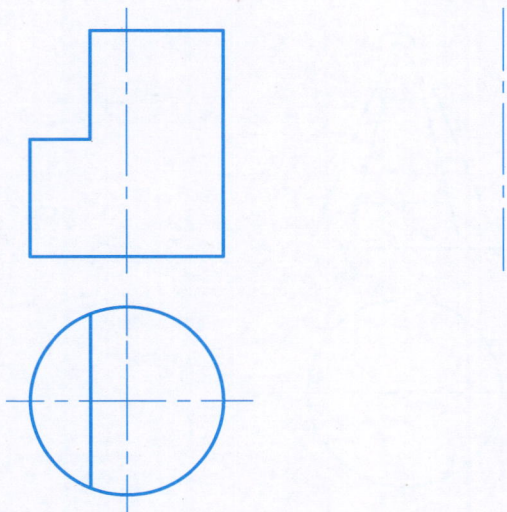

(6)

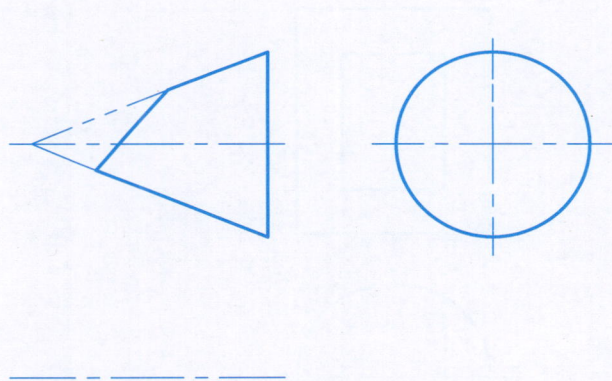

(7)

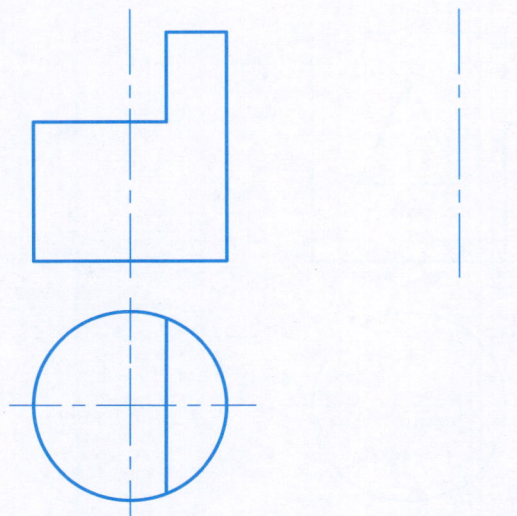

(8)

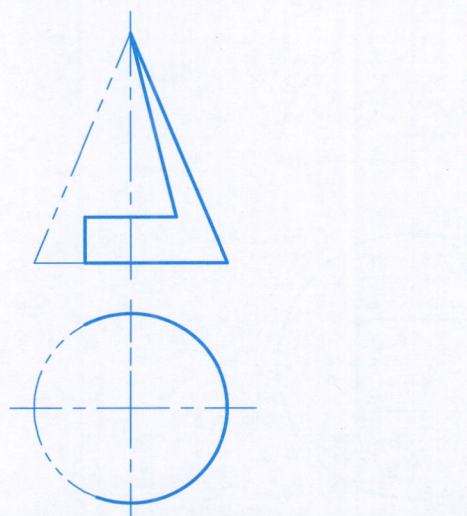

3-3　补全被截切曲面立体的三面投影。

(9)

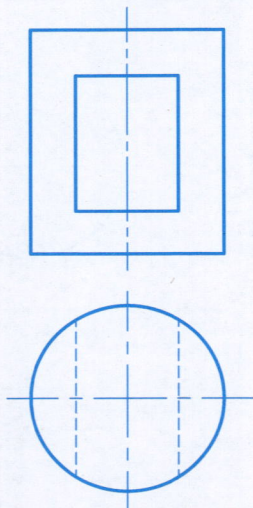

(10)

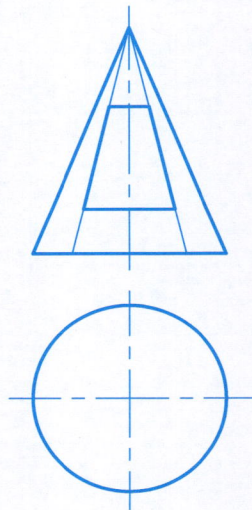

(11)

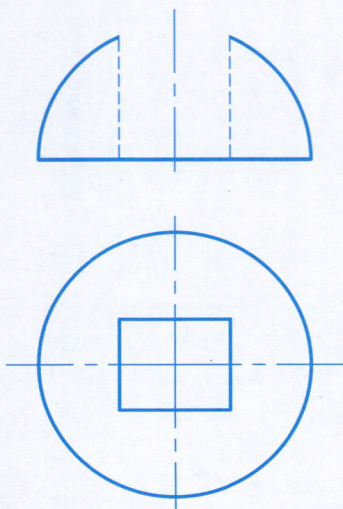

(12)

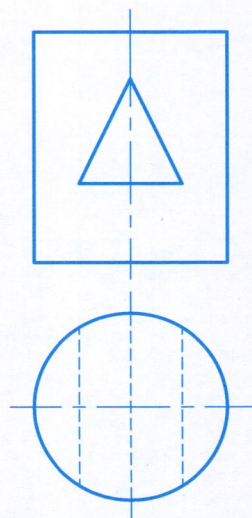

3-3　补全被截切曲面立体的三面投影。

(13)

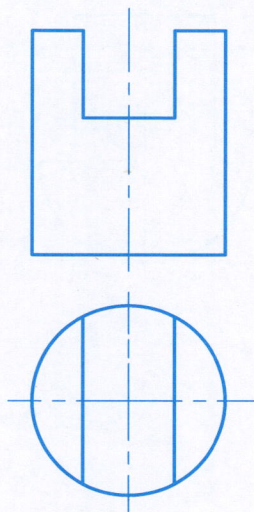

(14)

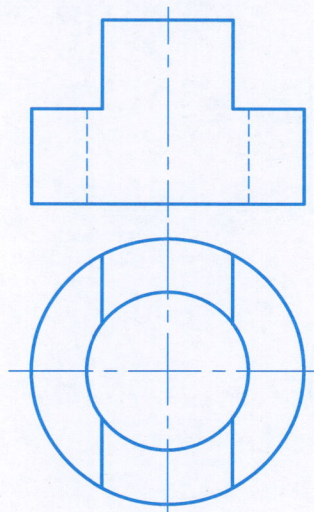

(15)

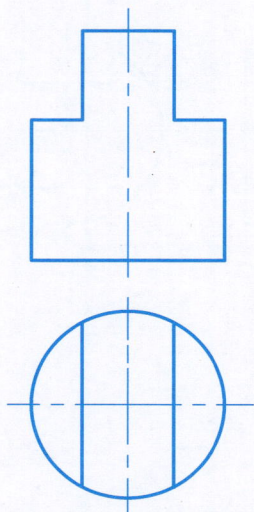

(16)

3-3　补全被截切曲面立体的三面投影。

(17)

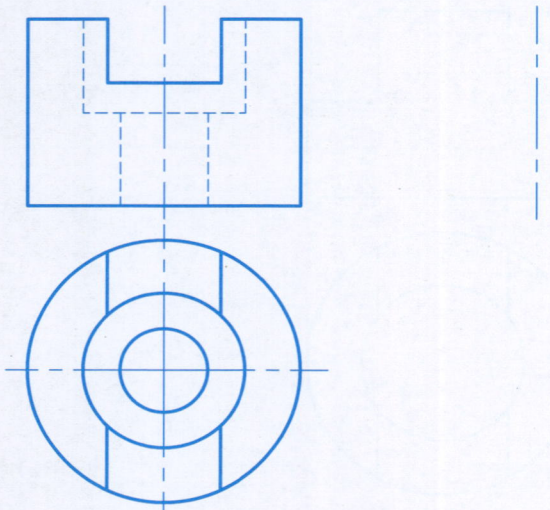

(18)

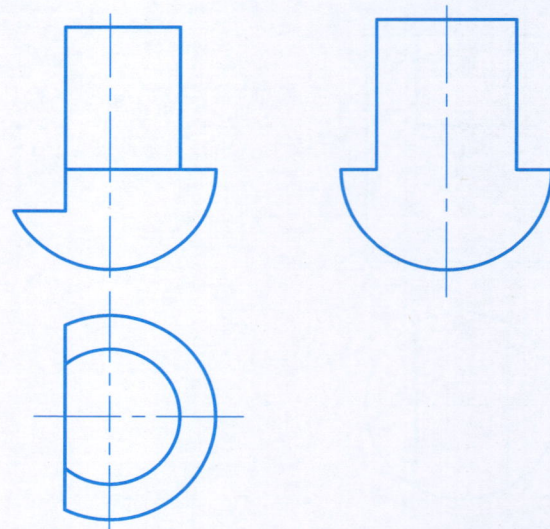

(19)

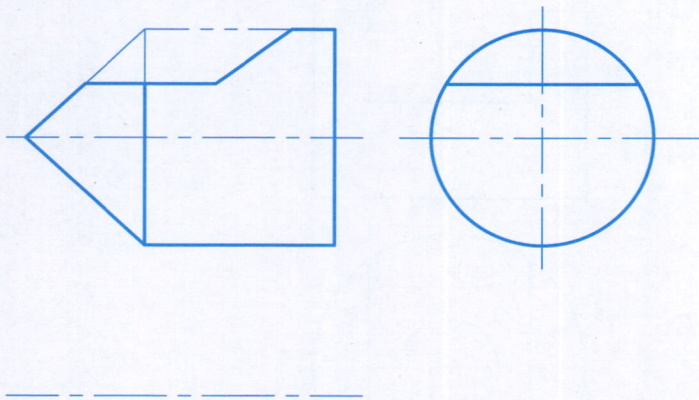

(20)

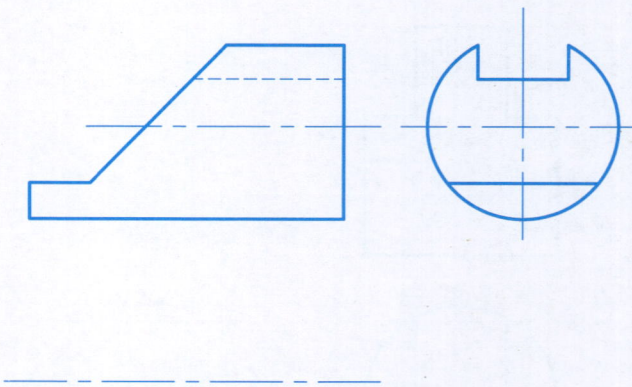

3-4 求作相贯线，并完成立体的三面投影。

(1)
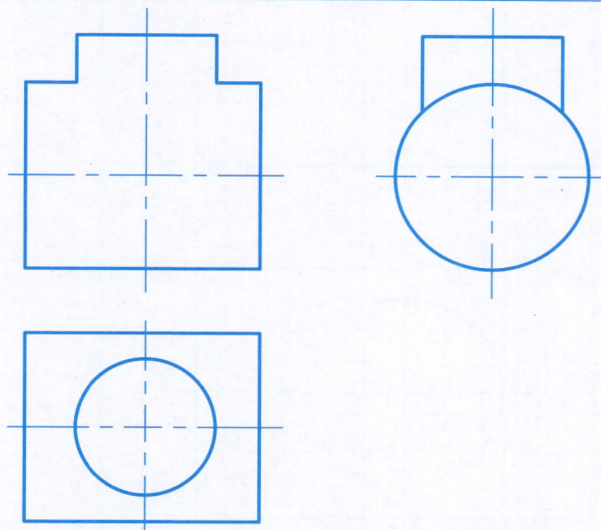

(2)
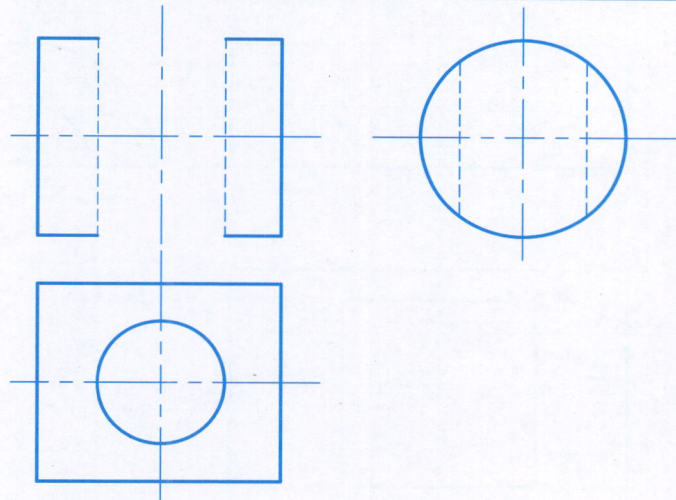

(3)
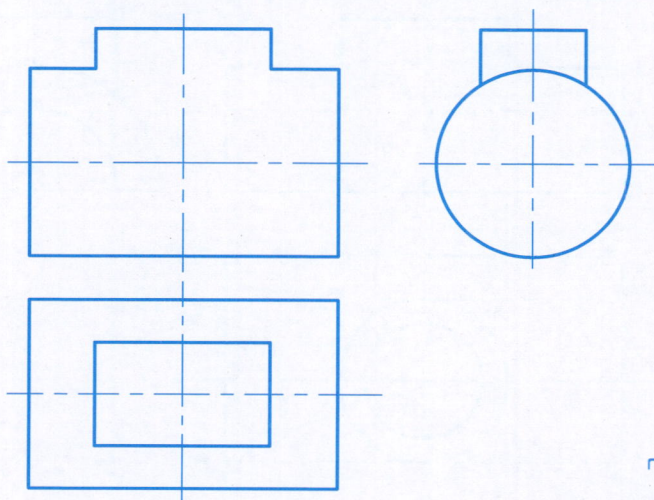

(4)
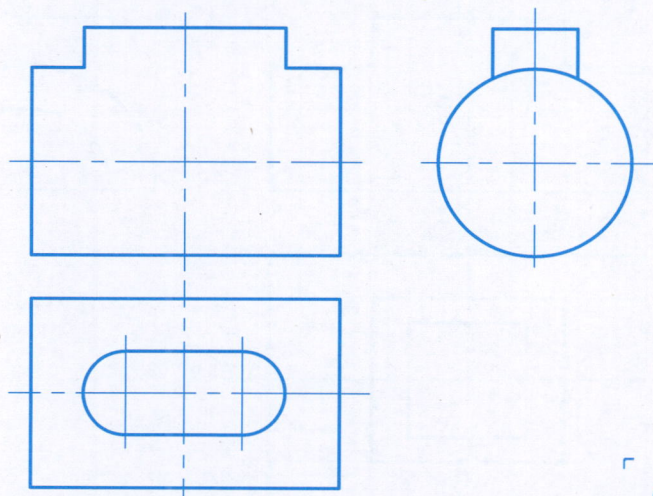

3-4 求作相贯线，并完成立体的三面投影。

(5)
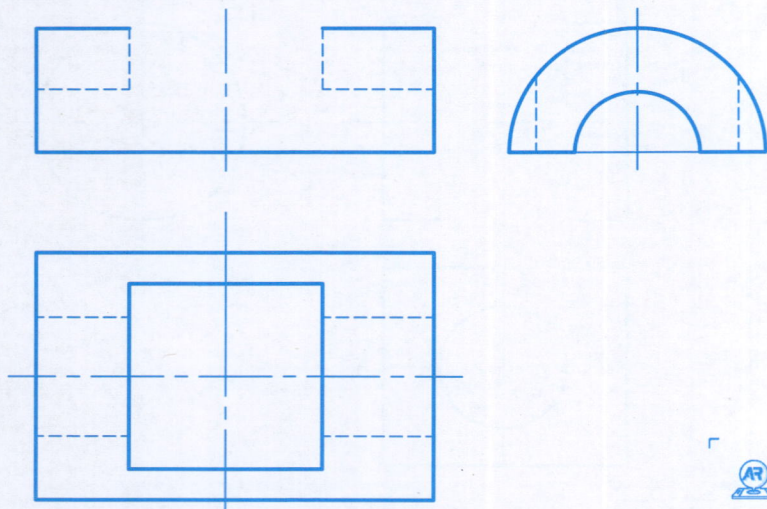

(6)
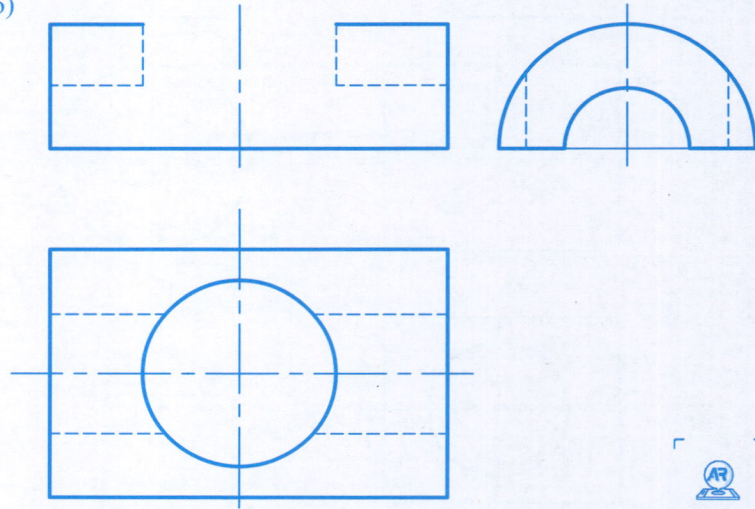

(7)
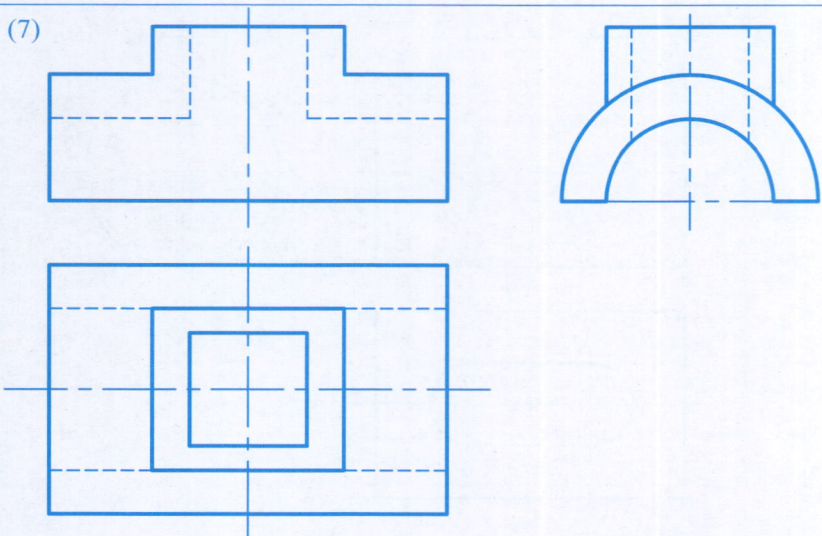

(8)
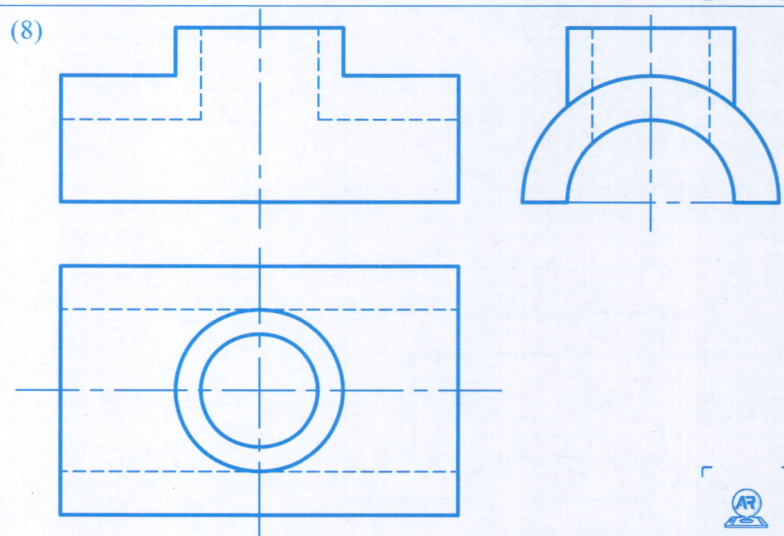

3-4　求作相贯线，并完成立体的三面投影。

(9)

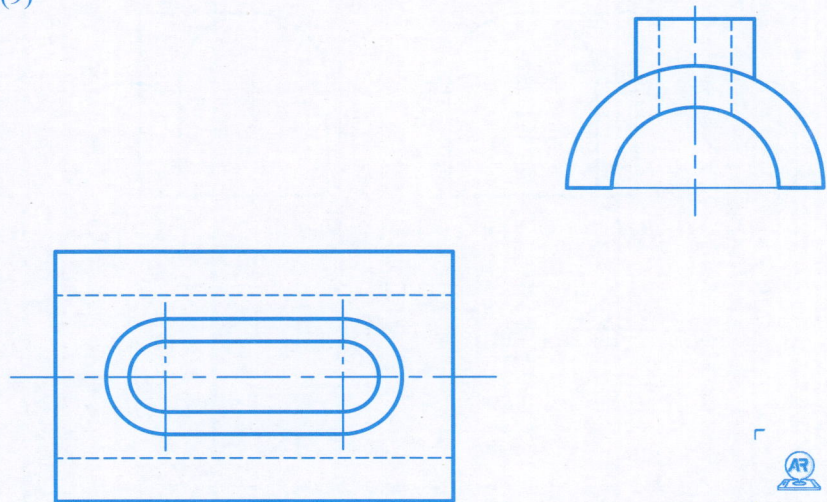

(10)

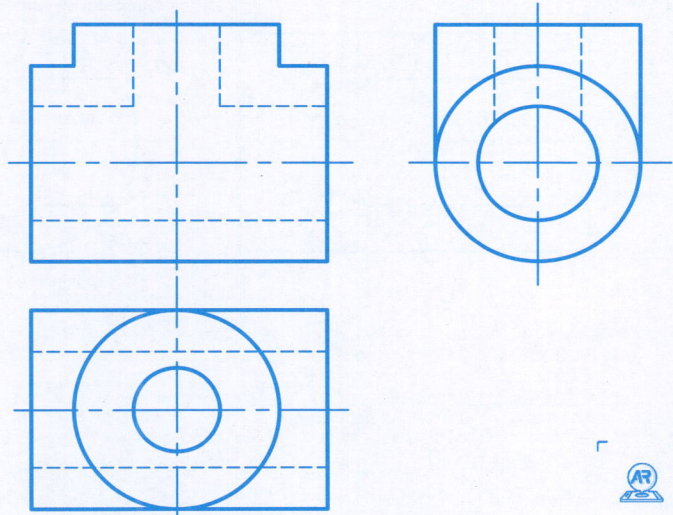

(11)

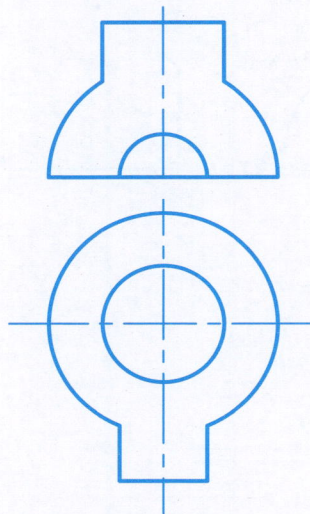

(12)

3-4 求作相贯线，并完成立体的三面投影。

(13)

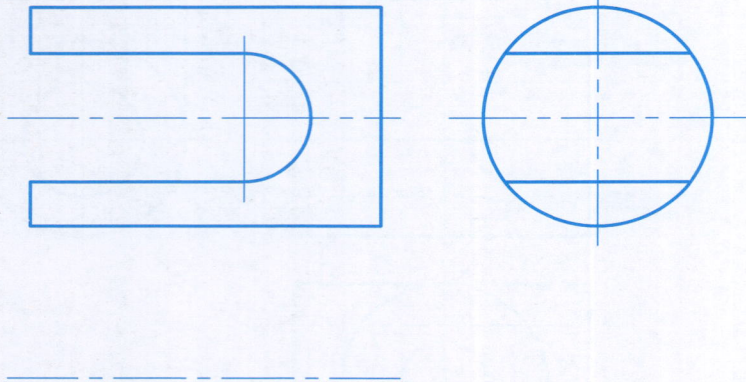

(14)

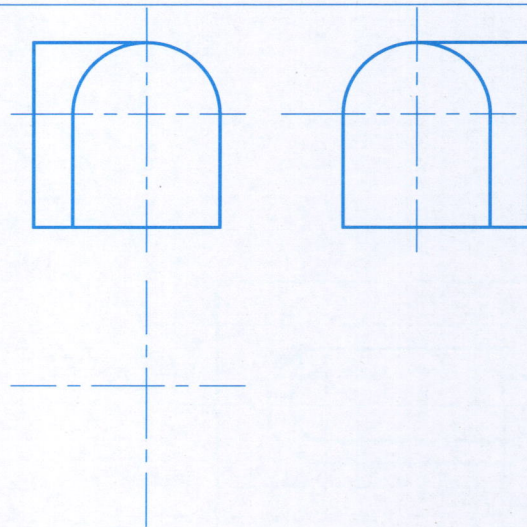

(15)

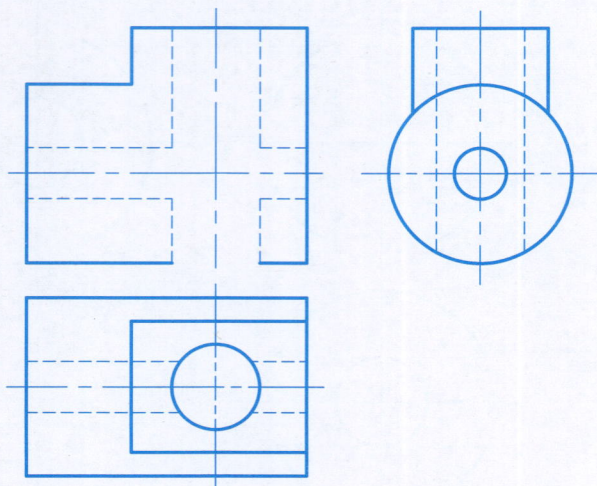

(16)

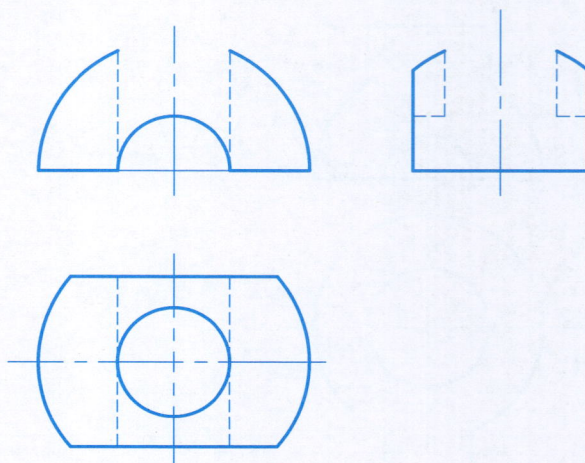

4-1 选择在三视图右侧与其相对应的立体图编号填入圆圈内。

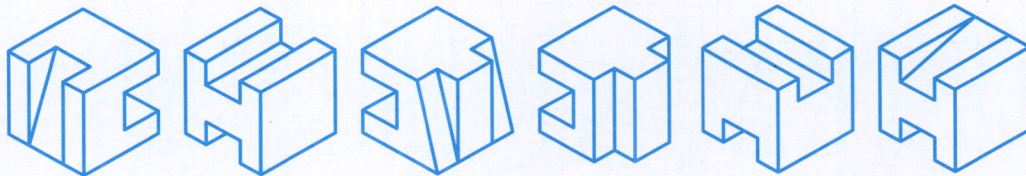

(a)　　　　　(b)　　　　　(c)　　　　　(d)　　　　　(e)　　　　　(f)

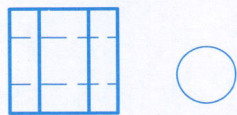

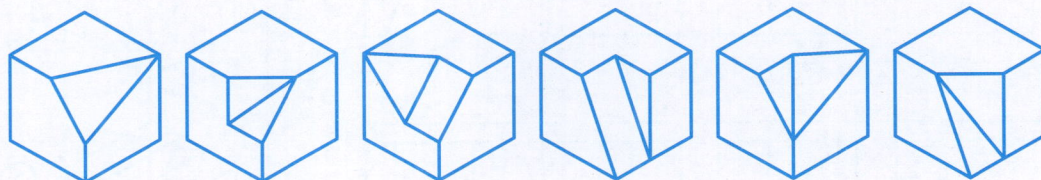

(a)　　　　　(b)　　　　　(c)　　　　　(d)　　　　　(e)　　　　　(f)

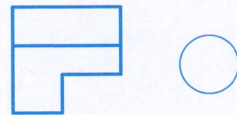

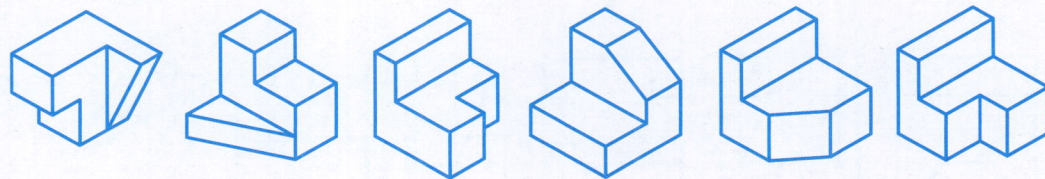

(a)　　　　　(b)　　　　　(c)　　　　　(d)　　　　　(e)　　　　　(f)

4-2 选择与主视图相对应的俯视图及立体图的编号填入表格内。

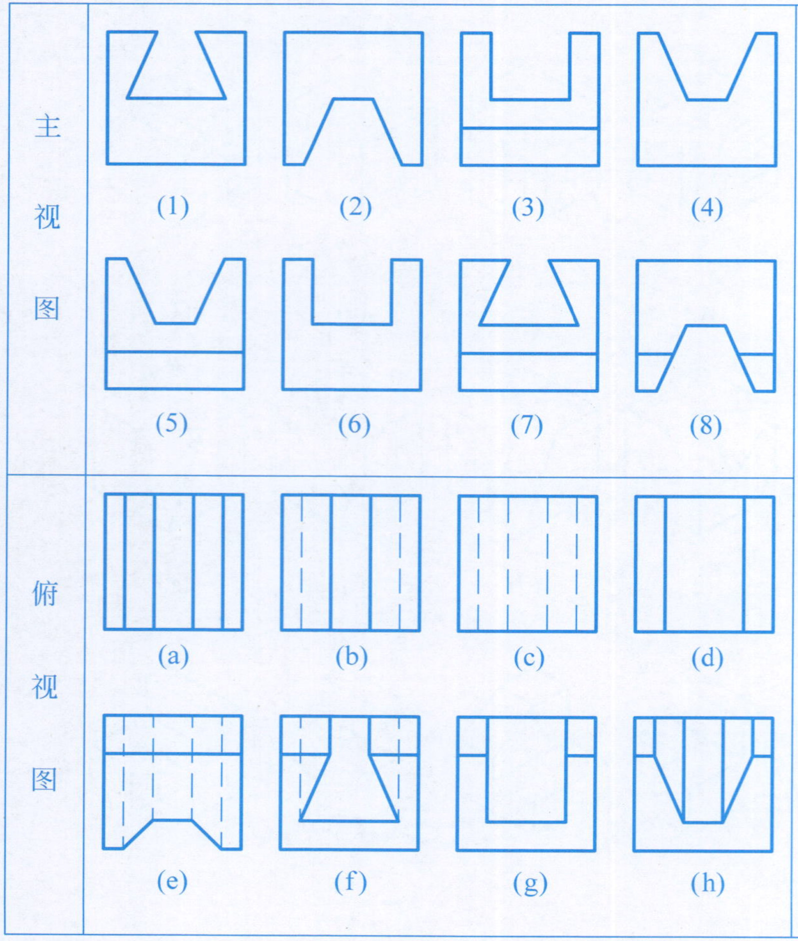

主视图

(1)　　　(2)　　　(3)　　　(4)

(5)　　　(6)　　　(7)　　　(8)

俯视图

(a)　　　(b)　　　(c)　　　(d)

(e)　　　(f)　　　(g)　　　(h)

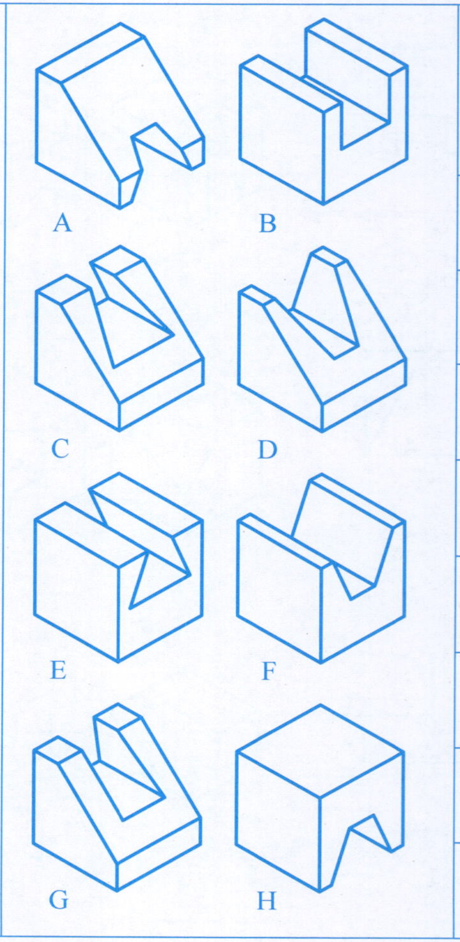

立体图

A　　　B

C　　　D

E　　　F

G　　　H

主视图	俯视图	立体图
(1)		
(2)		
(3)		
(4)		
(5)		
(6)		
(7)		
(8)		

4-3　参照立体图，补全视图中缺漏的图线。

(1)
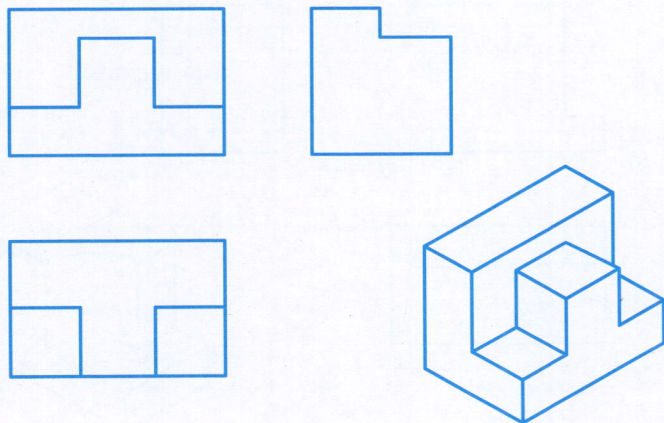

(2)
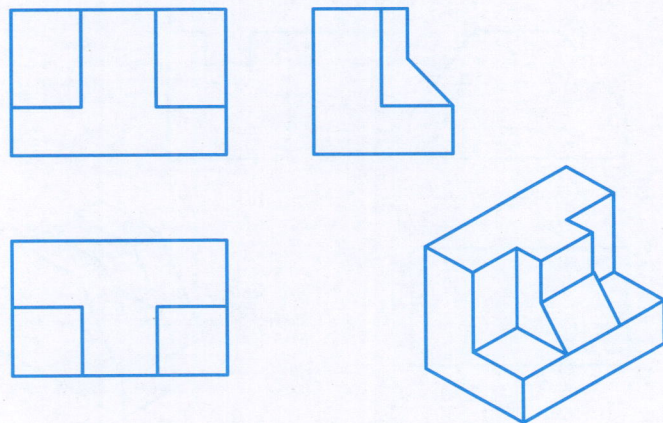

(3)

(4)
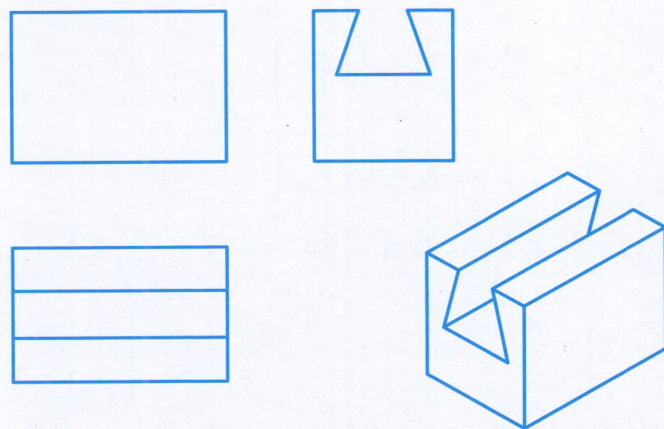

4-3　参照立体图，补全视图中缺漏的图线。

(5)

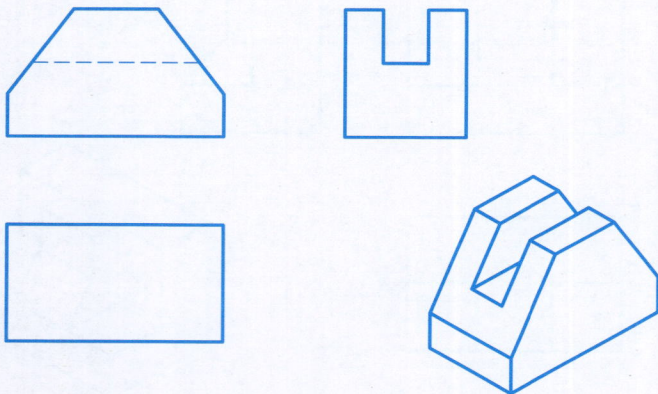

(6)

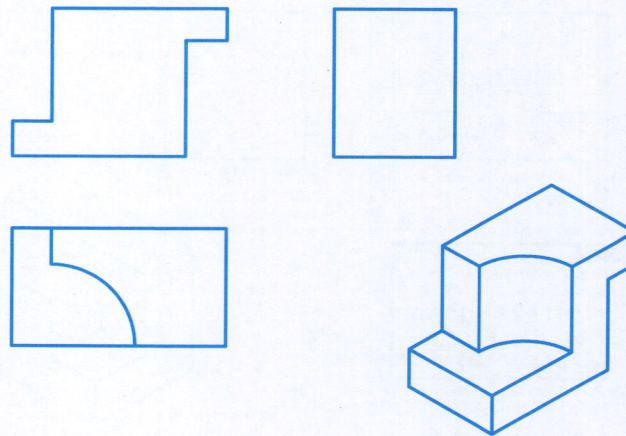

(7)

(8)

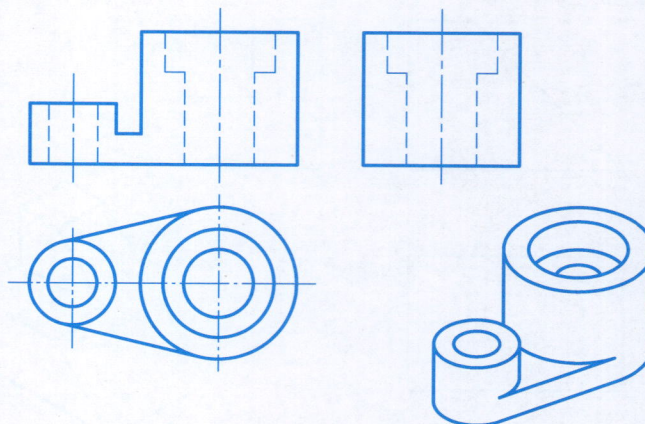

4-4 根据立体图画出组合体的三视图，数值从图中量取整数。

(1)

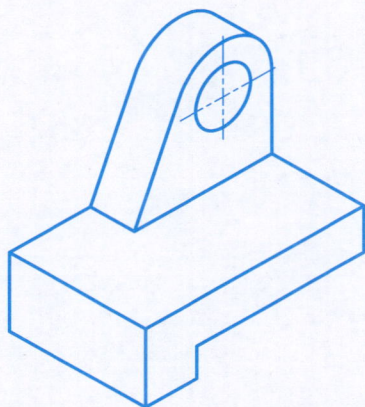

(2)

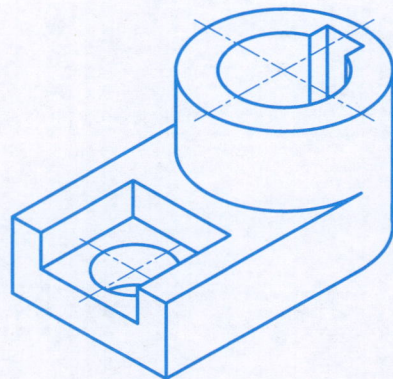

4-4 根据立体图画出组合体的三视图，数值从图中量取整数。

(3)

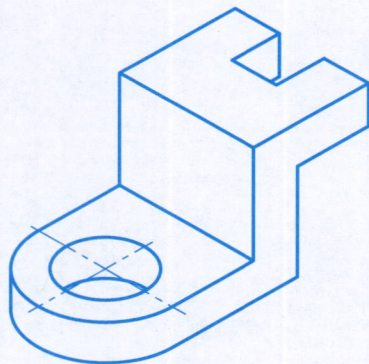

(4)

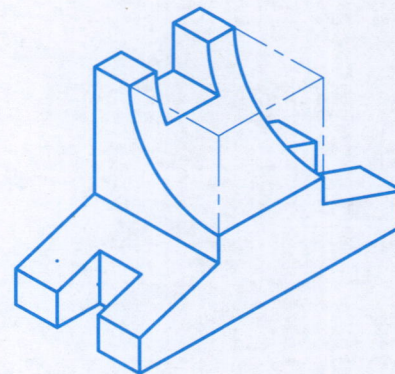

4-5 标注组合体的尺寸（数值从图中量取整数）。

(1)

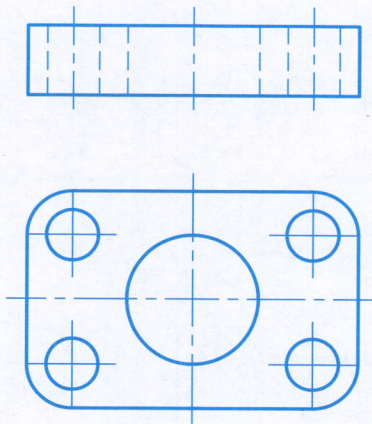

(2)

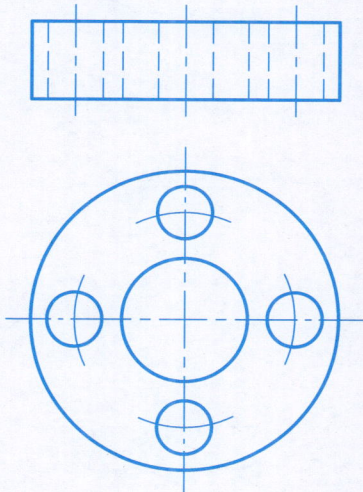

(3)

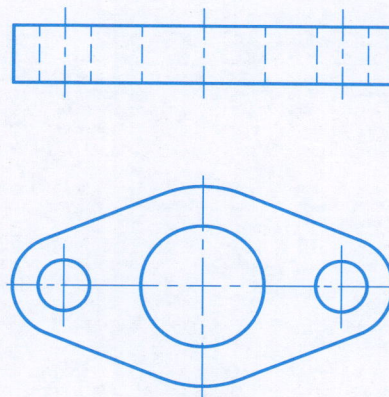

(4)

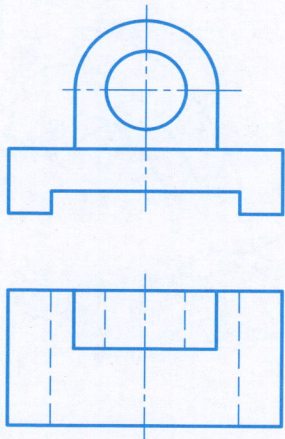

(5)

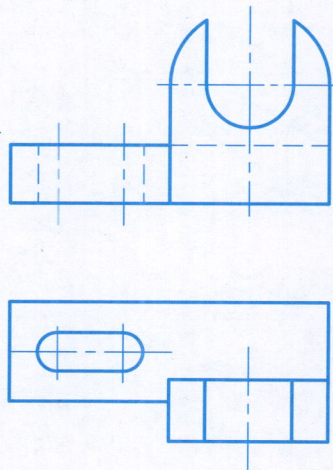

(6)

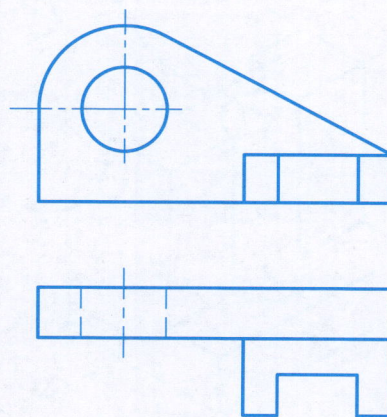

4-6 根据轴测图在合适图幅的图纸上画组合体的三视图，并标注尺寸。

(1)

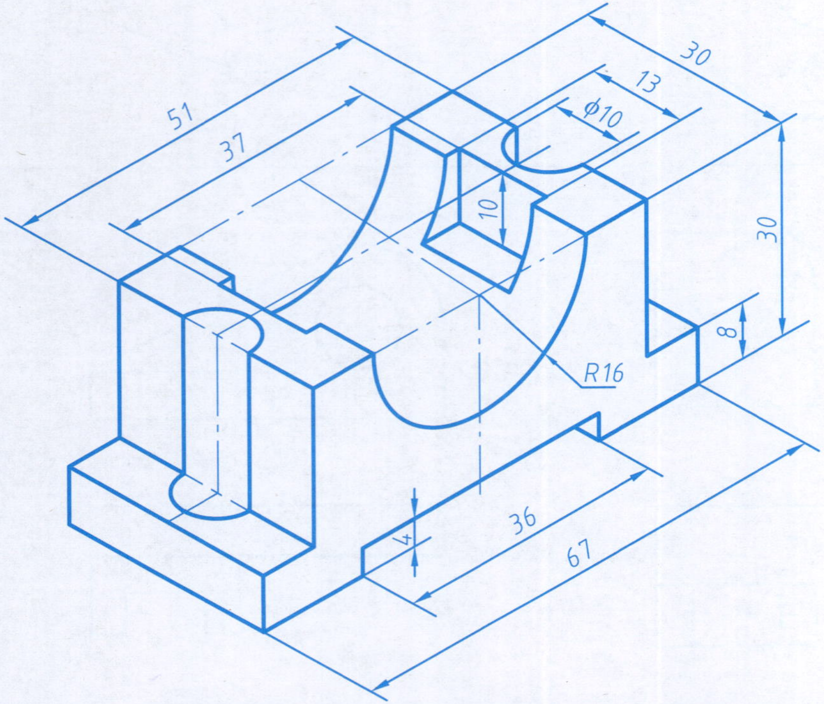

(2)

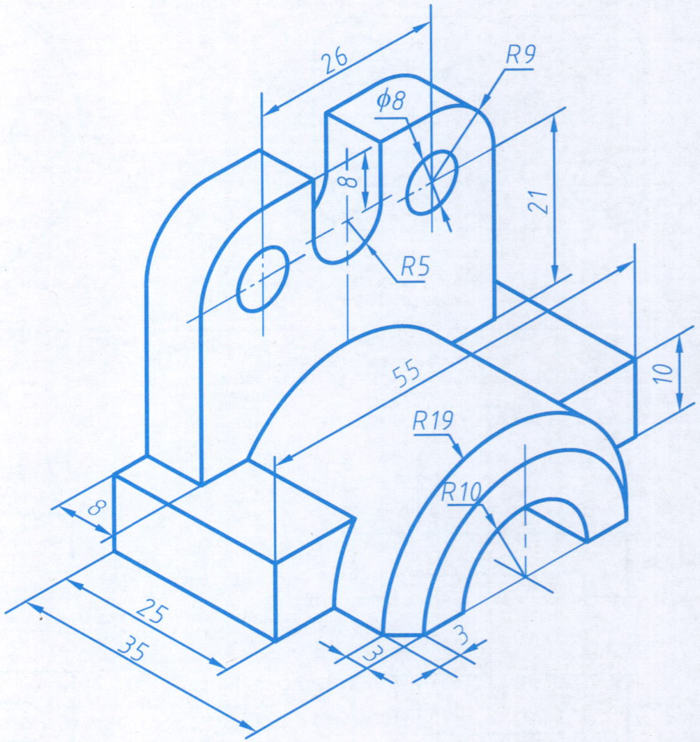

4-6　根据轴测图在合适图幅的图纸上画组合体的三视图，并标注尺寸。

(3)

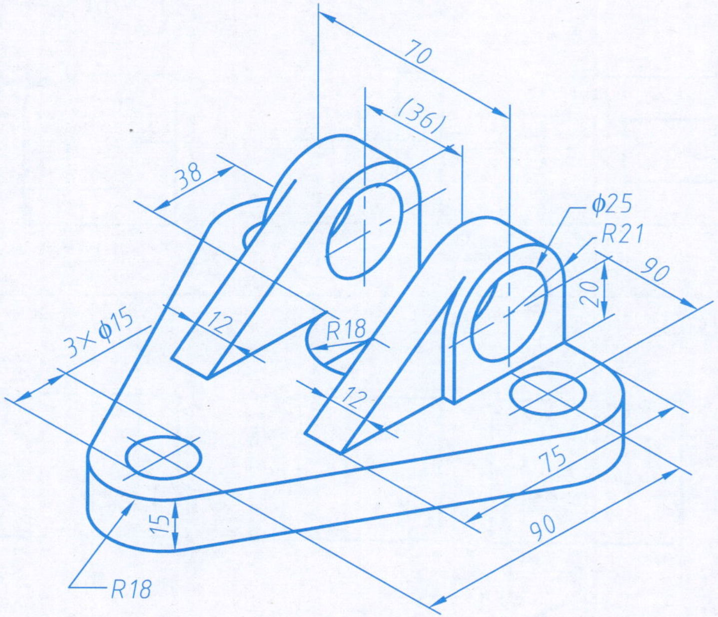

(4)

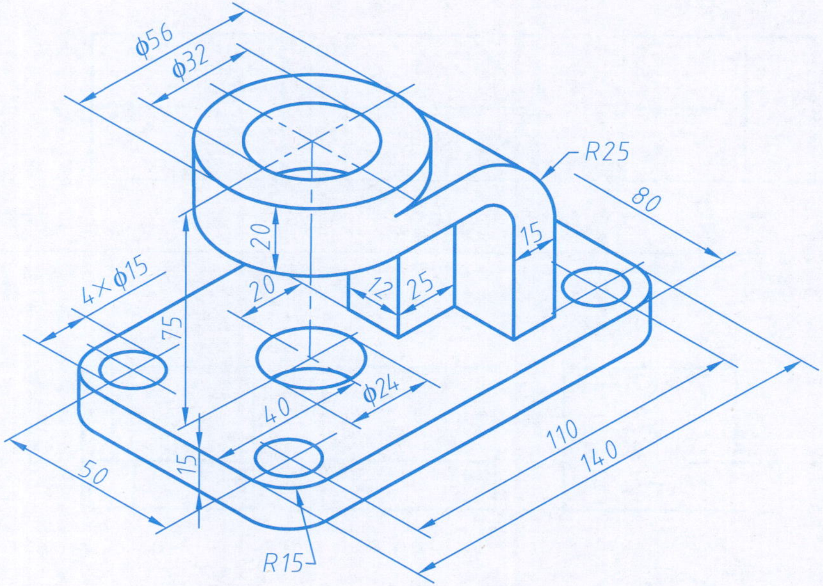

4-7　根据已知的两视图，选择正确的第三视图。

(1) 已知主、左视图。

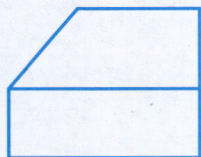 

　　　　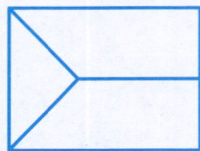

(a)　　　　　　　(b)　　　　　　　(c)

(2) 已知主、俯视图。

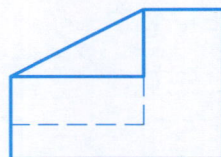　　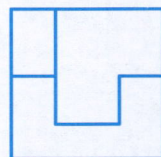　　

(a)　　　　　　　(b)

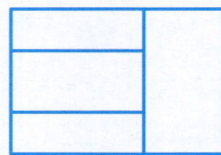　　

(c)　　　　　　　(d)

(3) 已知主、俯视图。

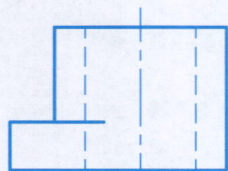　　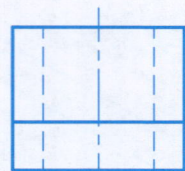　　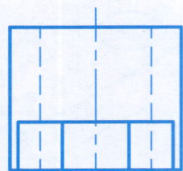

(a)　　　　　　　(b)

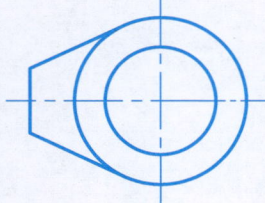　　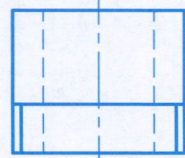　　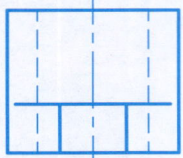

(c)　　　　　　　(d)

(4) 已知主、俯视图。

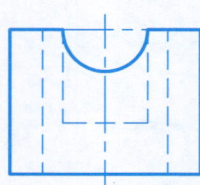　　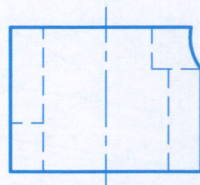　　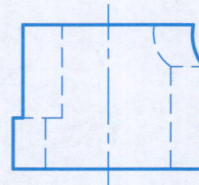

(a)　　　　　　　(b)

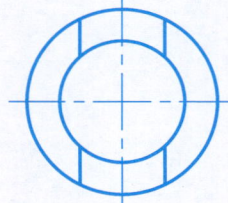　　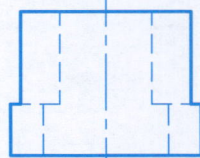　　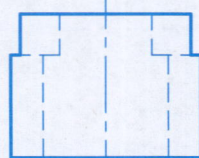

(c)　　　　　　　(d)

4-8　补全视图中缺漏的图线。

(1)

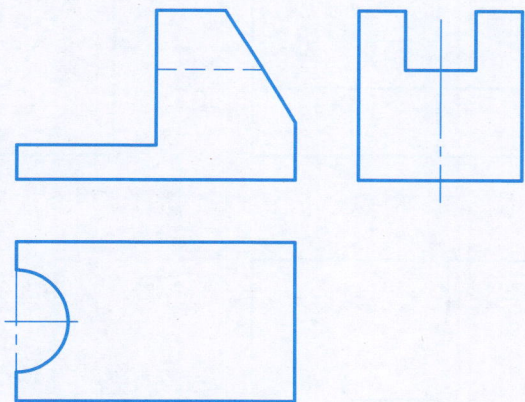

(2)

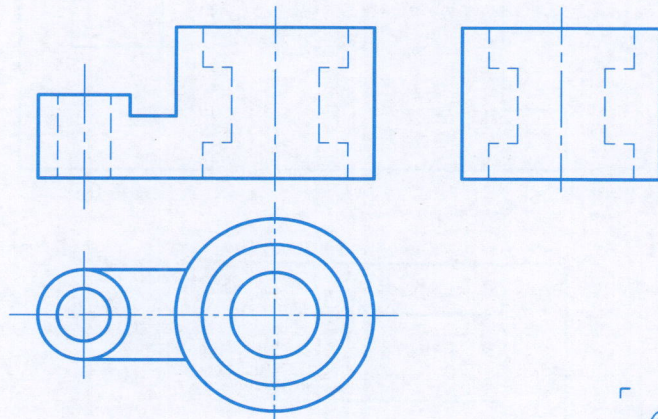

(3)

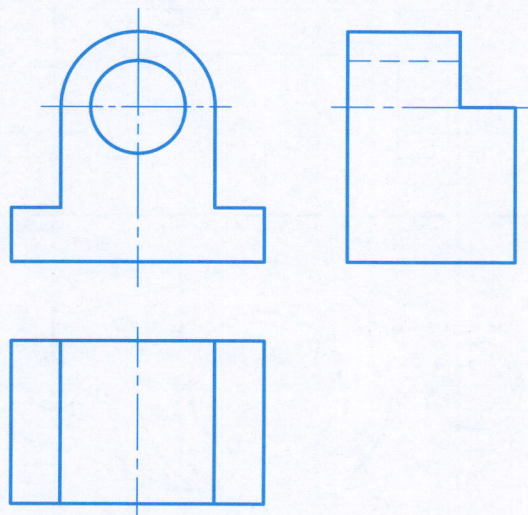

(4)

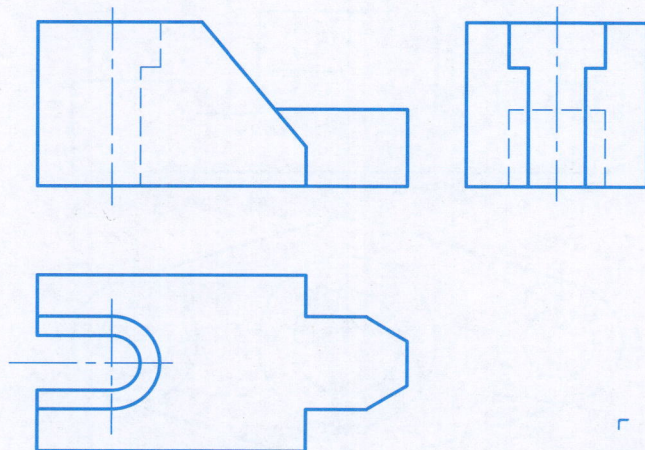

4-8 补全视图中缺漏的图线。

(5)

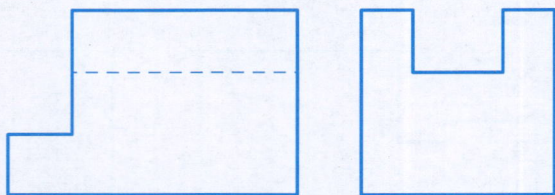

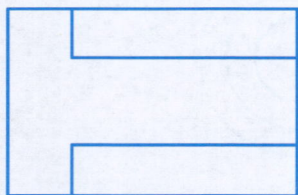

(6)

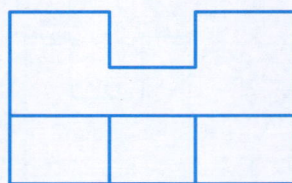

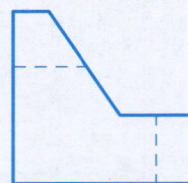

(7)

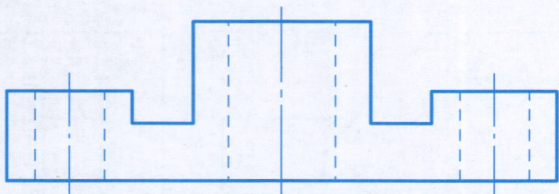

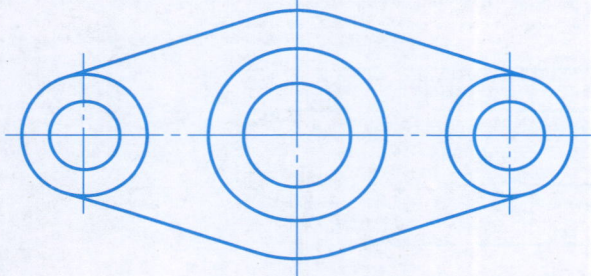

(8)

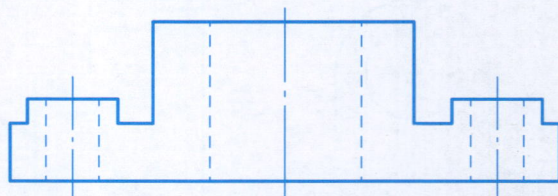

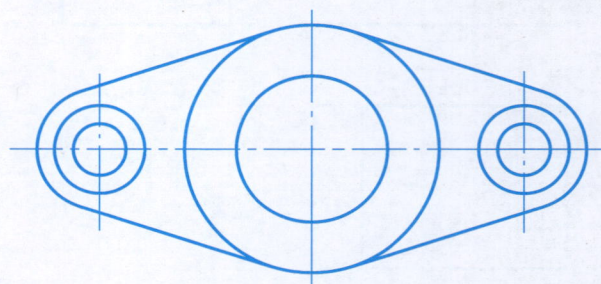

4-8　补全视图中缺漏的图线 。

(9)

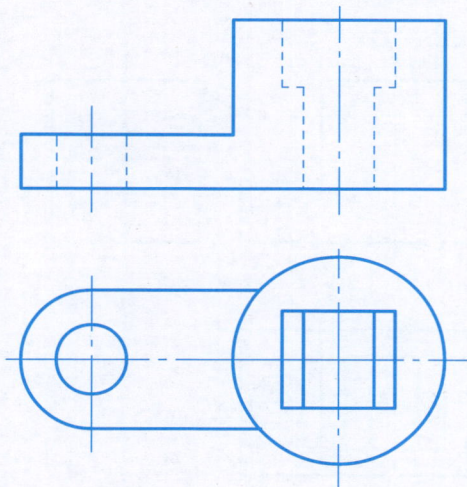

(10)

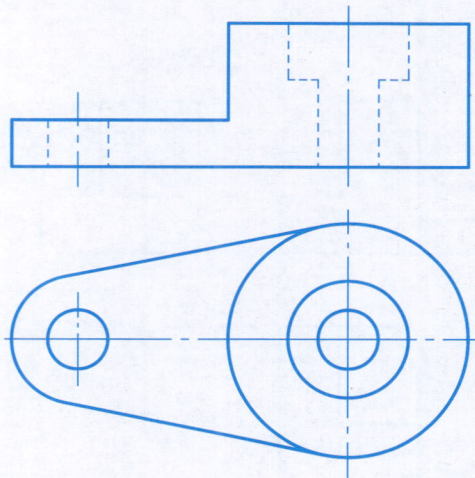

(11)

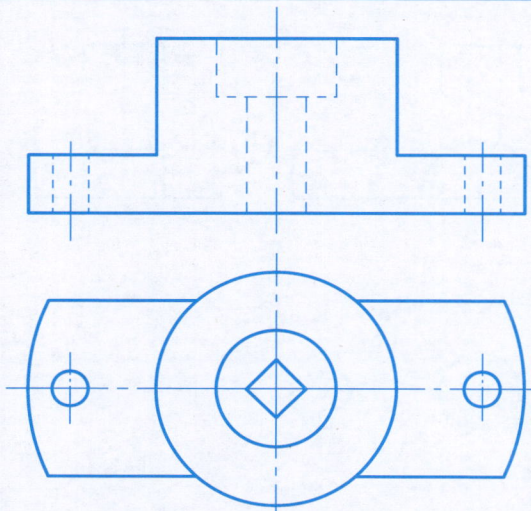

(12)

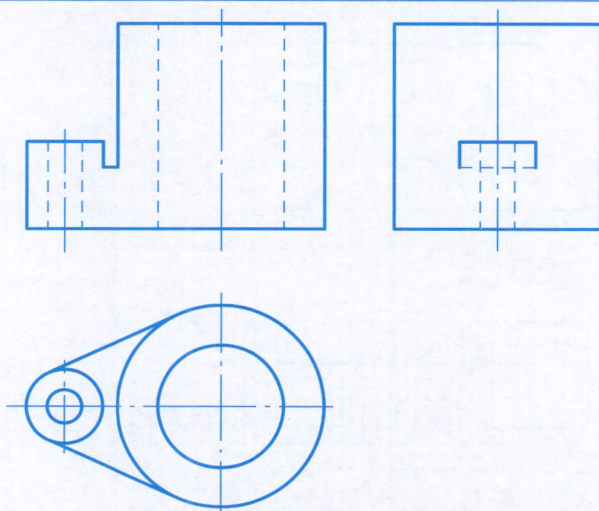

4-8　补全视图中缺漏的图线。

(13)

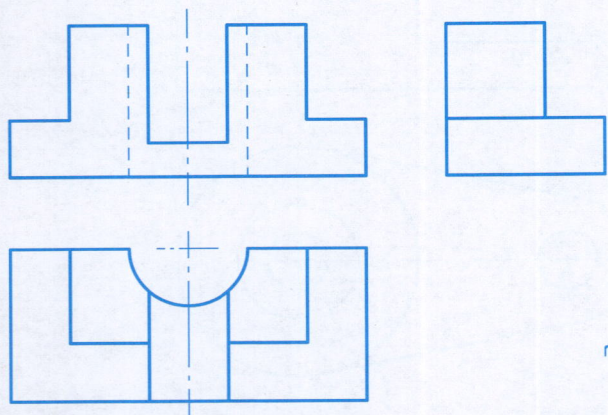

(14)

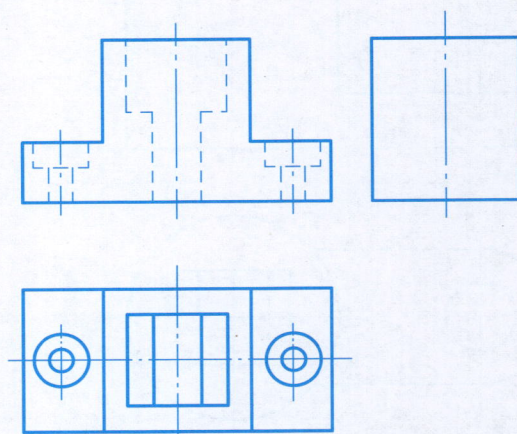

(15)

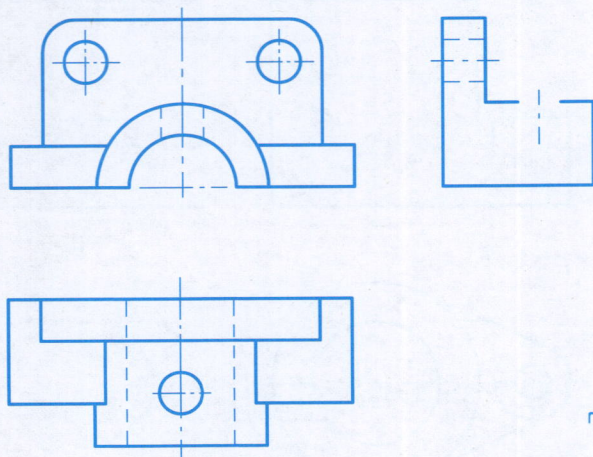

(16)

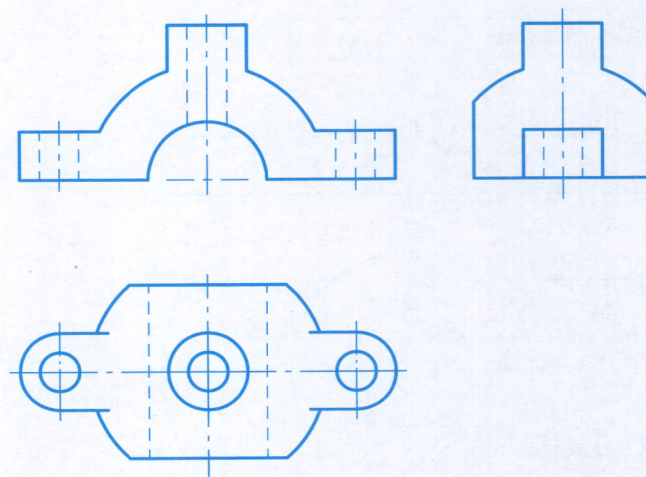

4-8 补全视图中缺漏的图线。

(17)

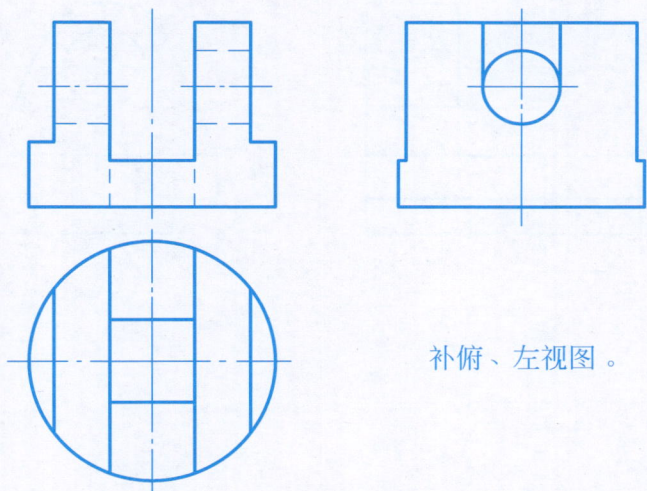

补俯、左视图。

(18)

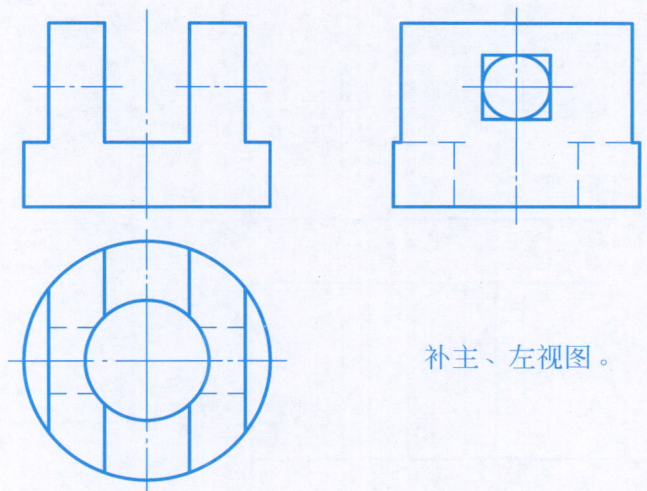

补主、左视图。

(19)

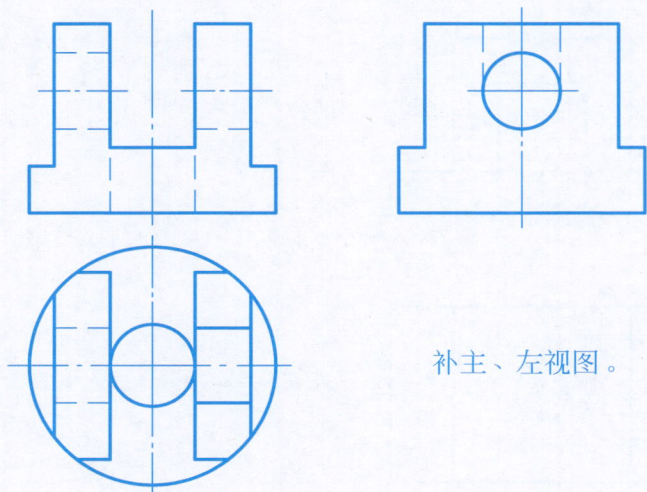

补主、左视图。

(20)

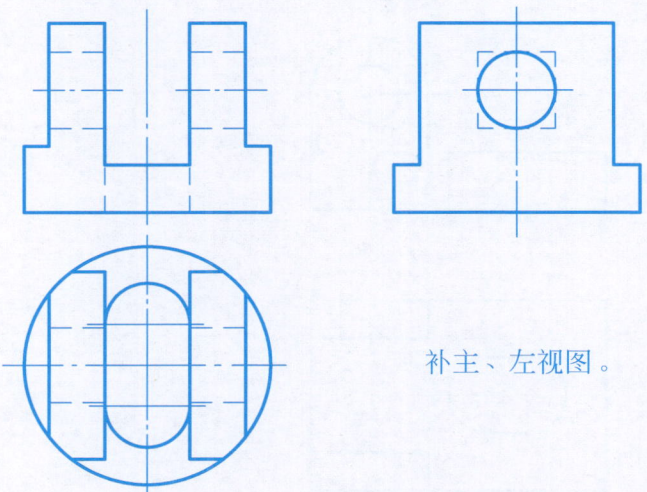

补主、左视图。

4-9 根据已知的视图，补画第三视图。

(1)

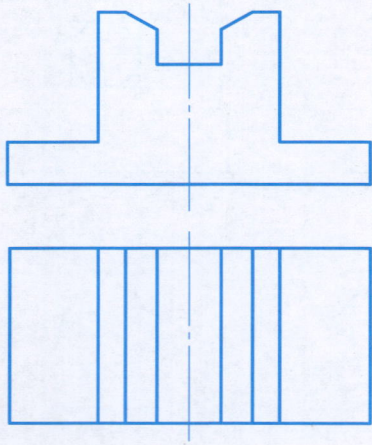

(2)

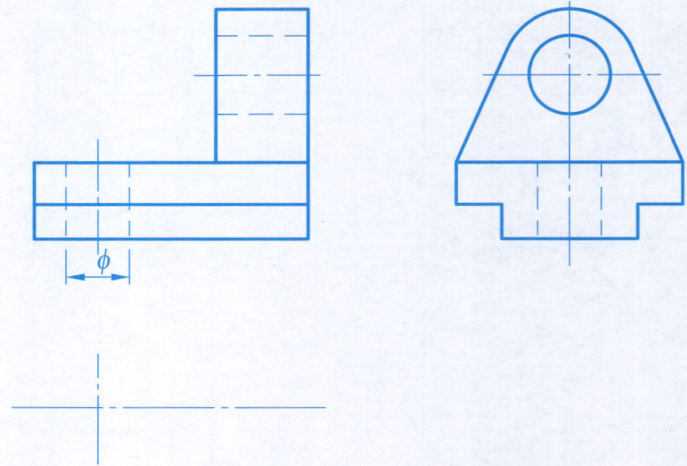

(3)

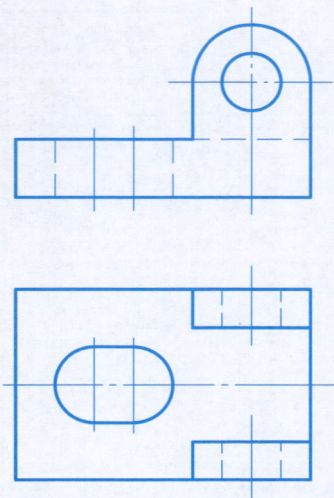

(4)

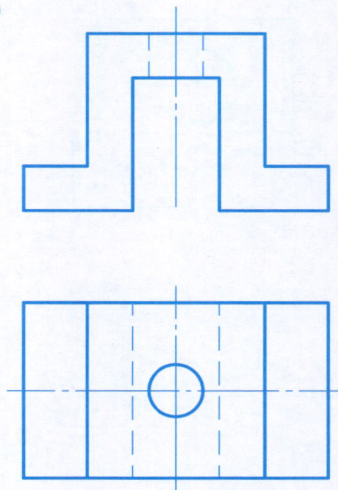

4-9 根据已知的视图，补画第三视图。

(5)

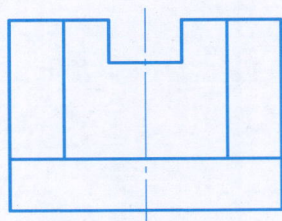

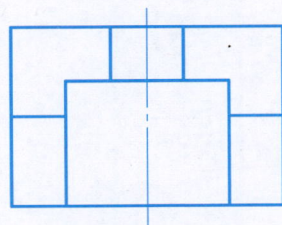

(6)

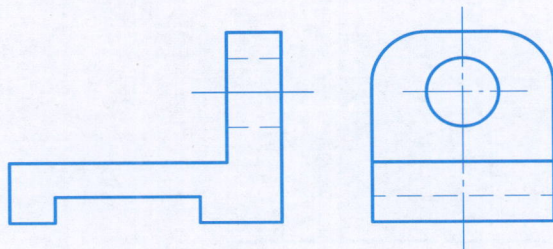

(7)

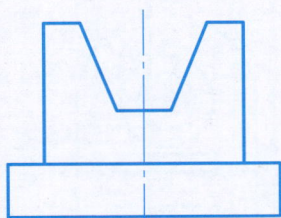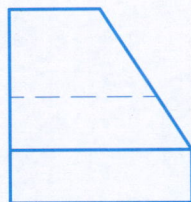

(8)

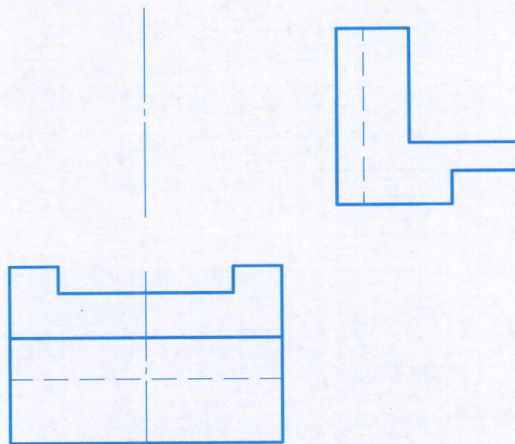

4-9　根据已知的视图，补画第三视图。

(9)

(10)

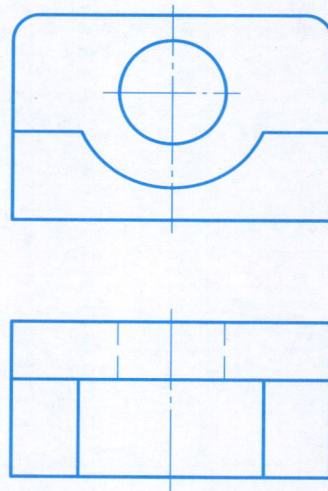

(11)

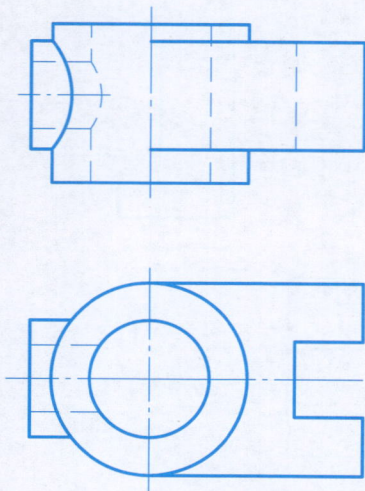

(12)

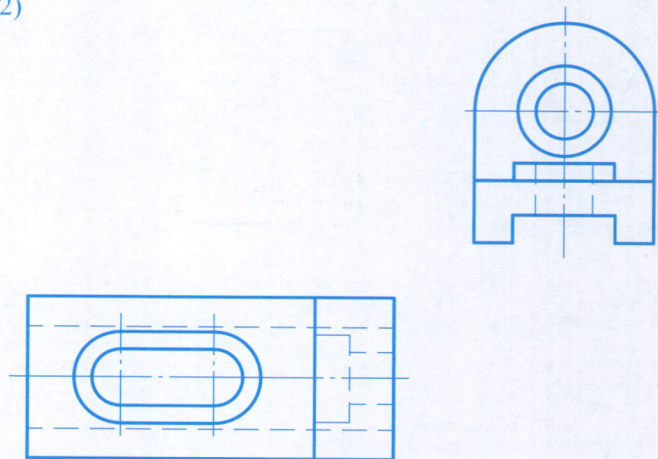

4-10 补画左视图（第 2 题标注尺寸）。

(1)

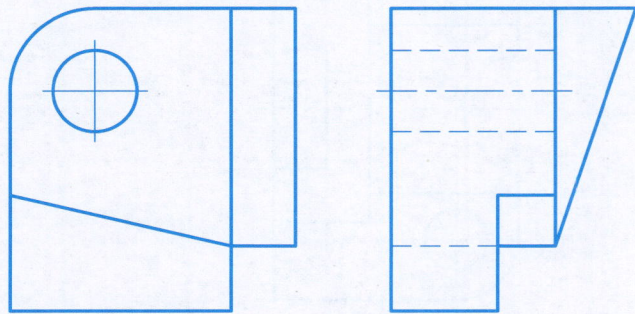

(2)

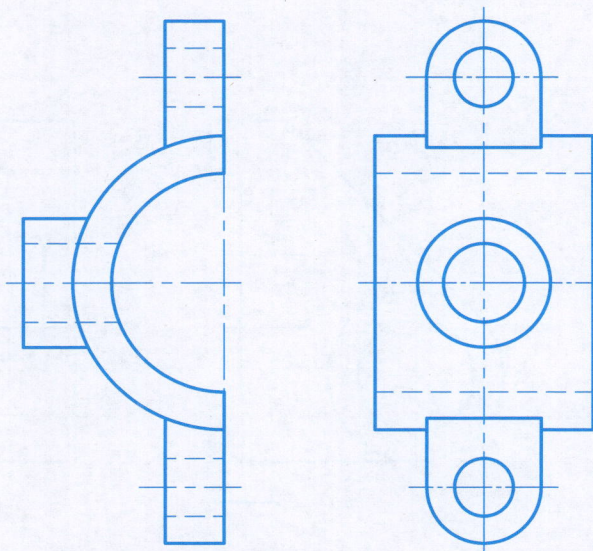

4-11　根据给出的两个视图，想象出空间形状，并补画第三视图。

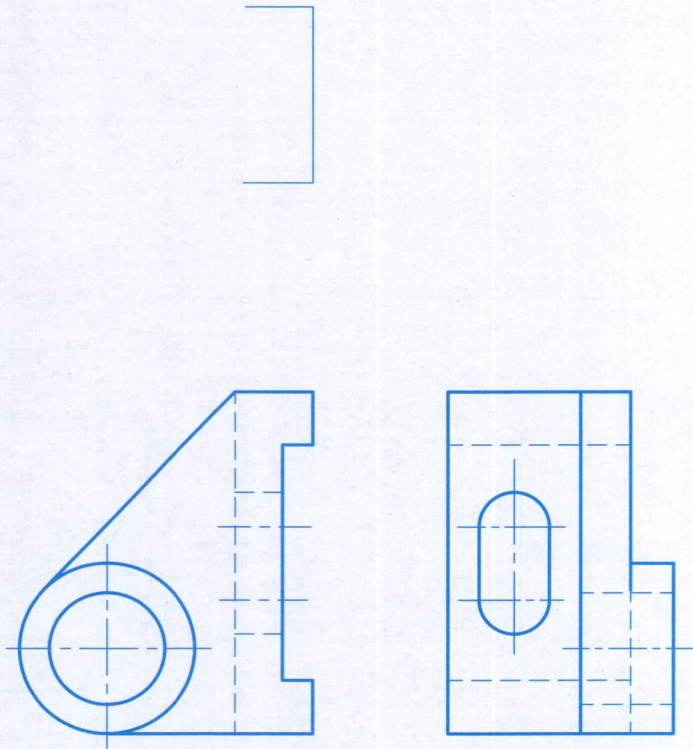

(1)

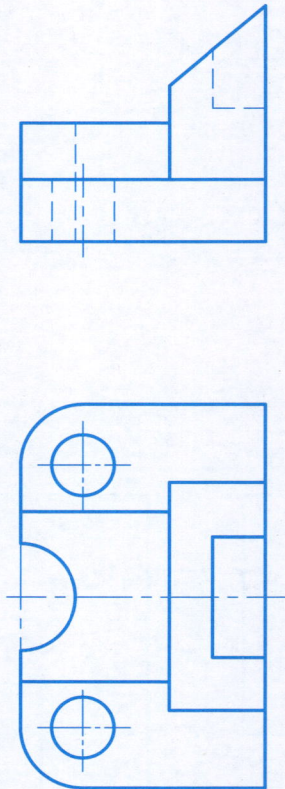

(2)

4-11　根据给出的两个视图，想象出空间形状，并补画第三视图。

(3)

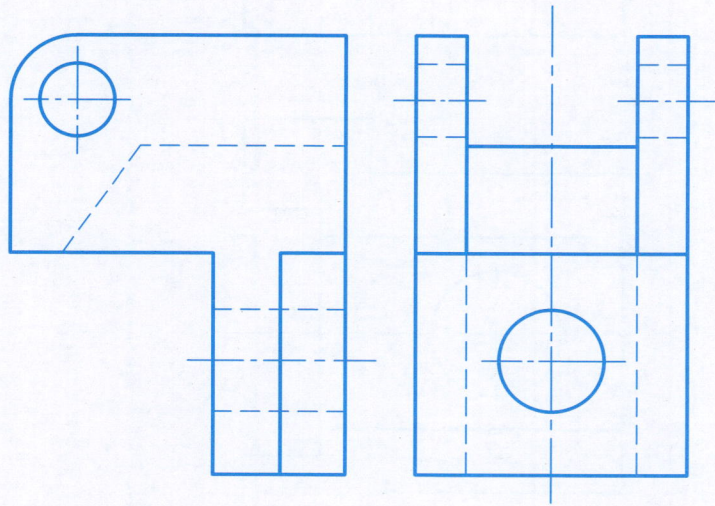

(4)

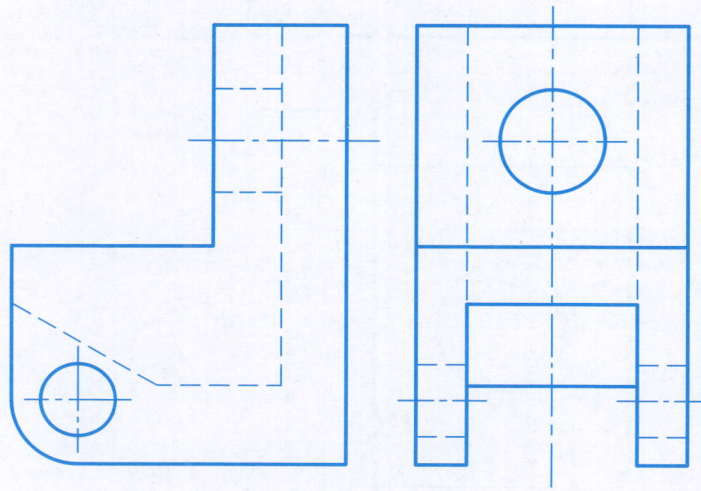

4-11 根据给出的两个视图，想象出空间形状，并补画第三视图。

(5)

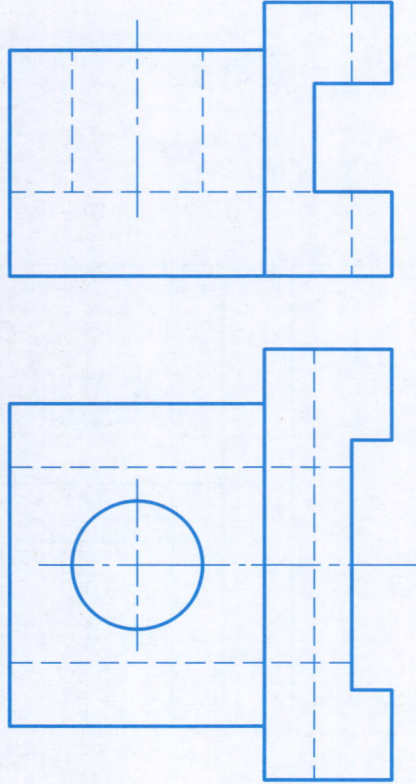

(6)

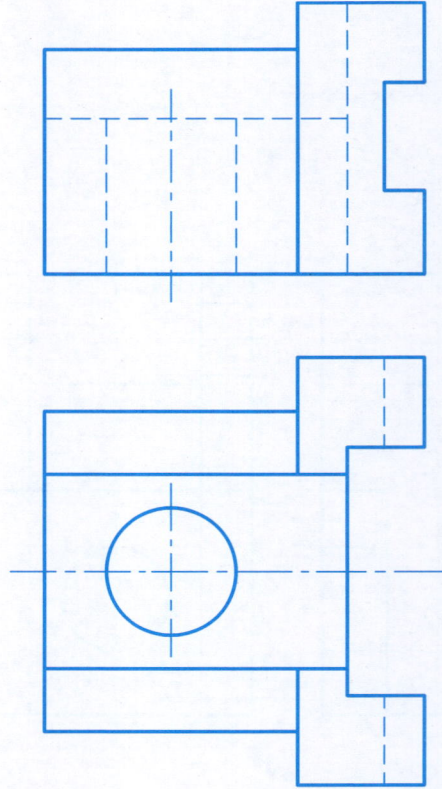

4-11 根据给出的两个视图，想象出空间形状，并补画第三视图。

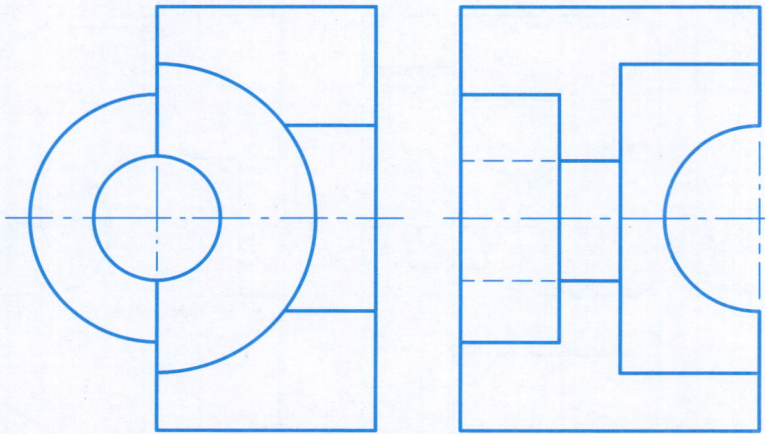

(7)

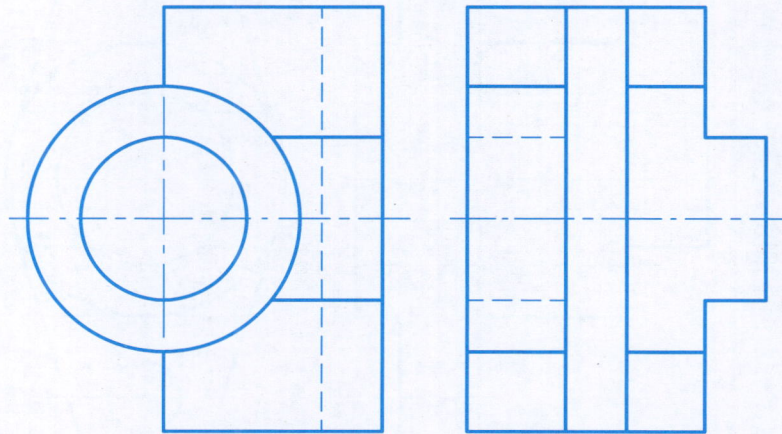

(8)

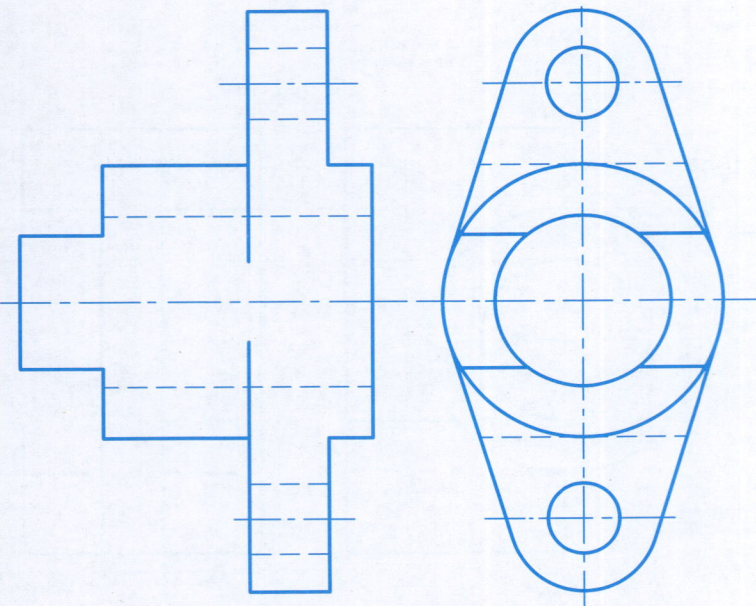

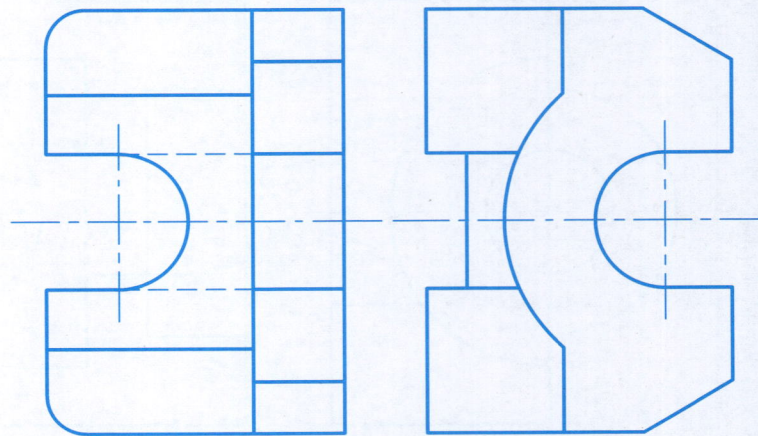

4-11 根据给出的两个视图，想象出空间形状，并补画第三视图。

(11)

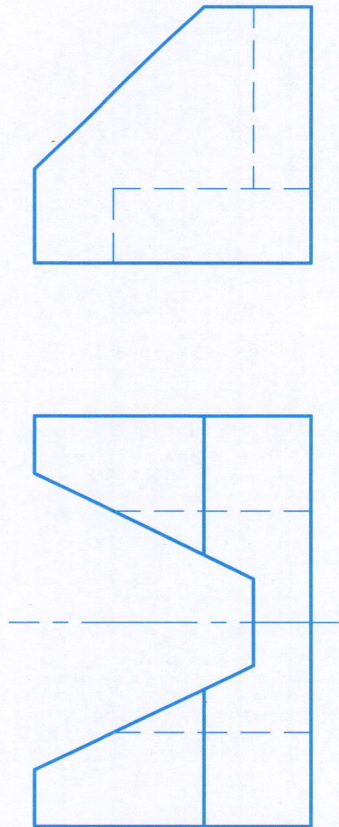

(12)

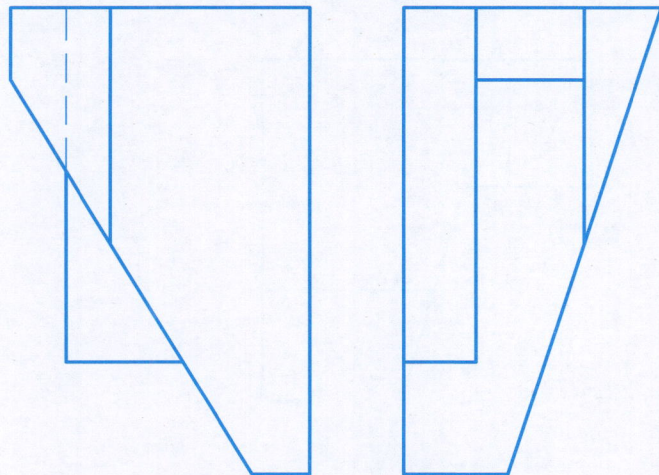

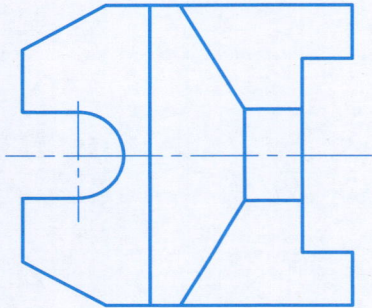

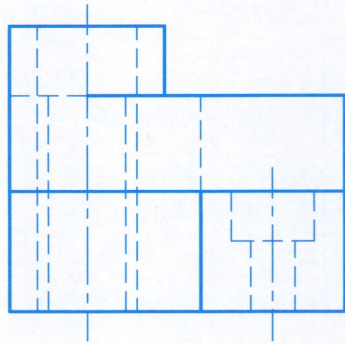

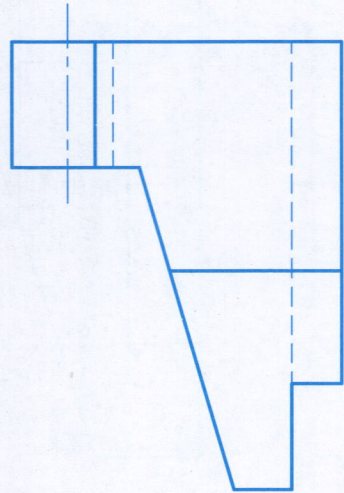

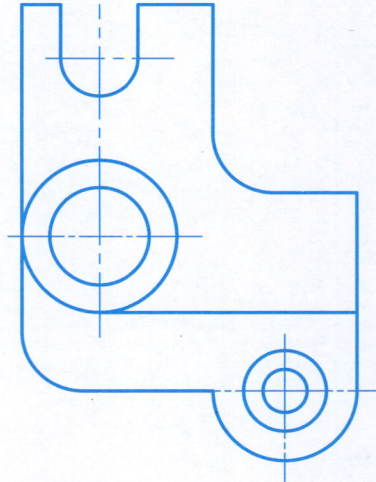

4-12 根据主、左两视图，补画俯视图。

(1)

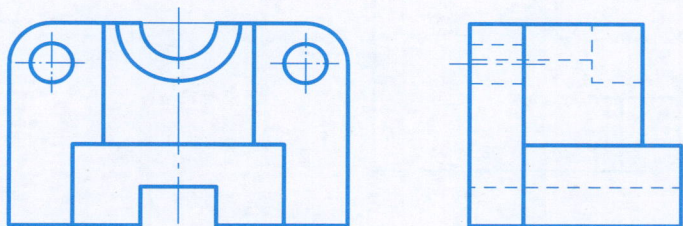

(2)

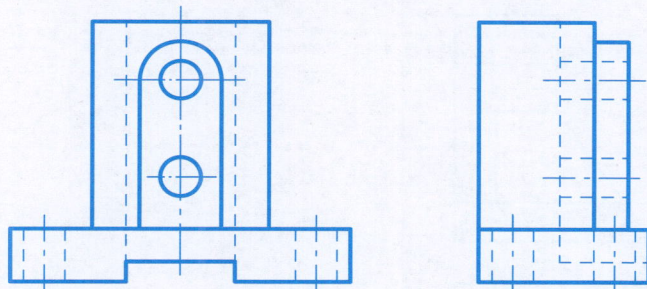

(3)

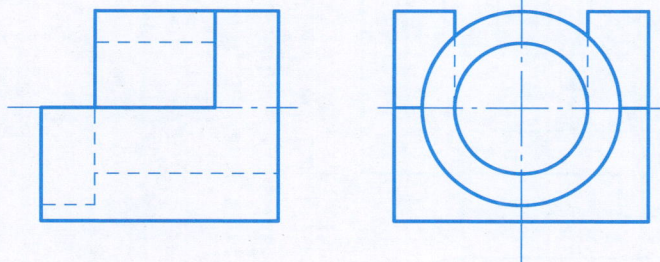

(4)

4-13　根据主、俯两视图，补画左视图。

(1)

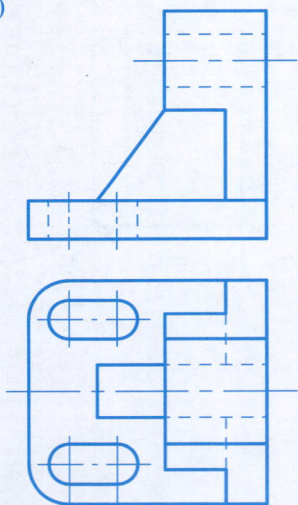

(2)

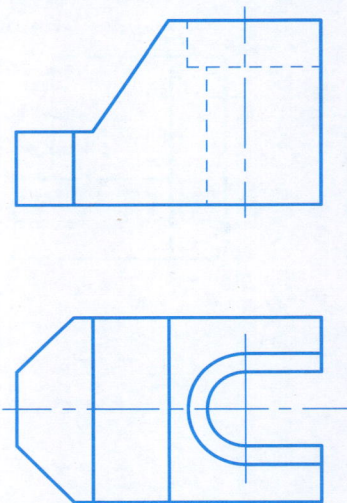

(3)

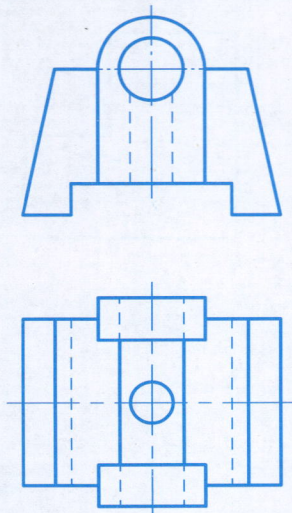

(4)

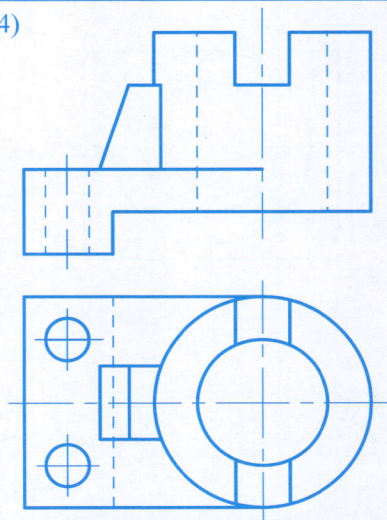

4-14 补画组合体的左视图。

(1)

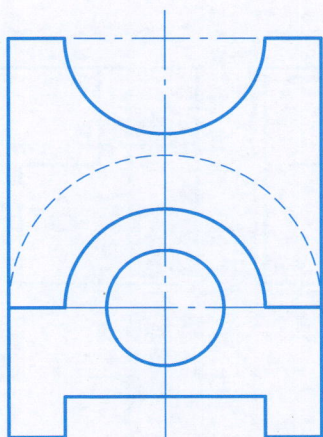

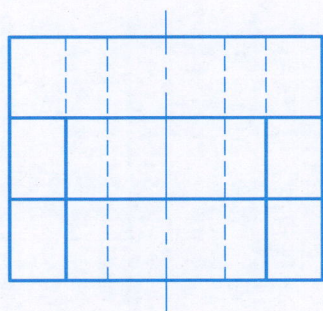

(2)

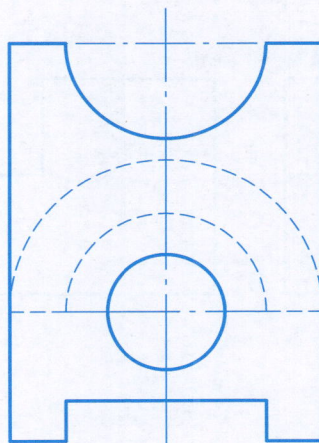

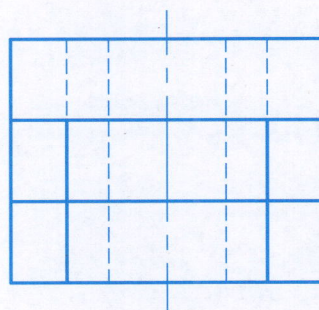

4-15　补画组合体的俯视图。

(1)

(2)

4-16 根据主、俯视图，构思不同形状的组合体（多解），并画出左视图。

(1)
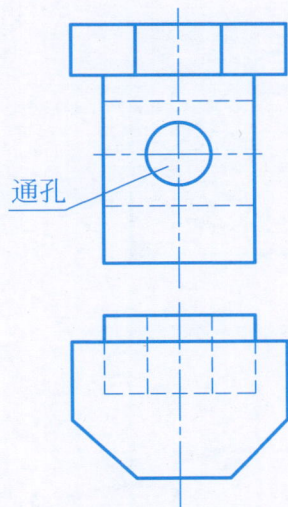
通孔

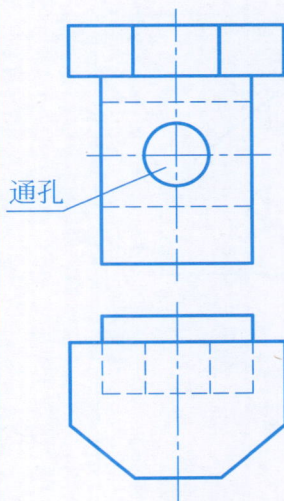
通孔

(2)
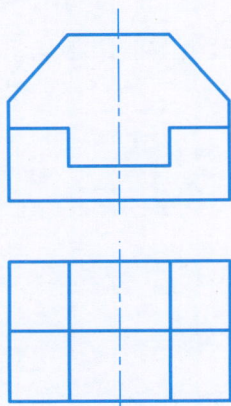

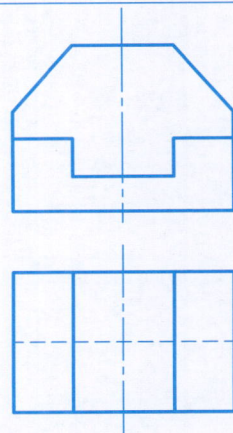

5-1　根据立体的视图画出正等轴测图。

(1)

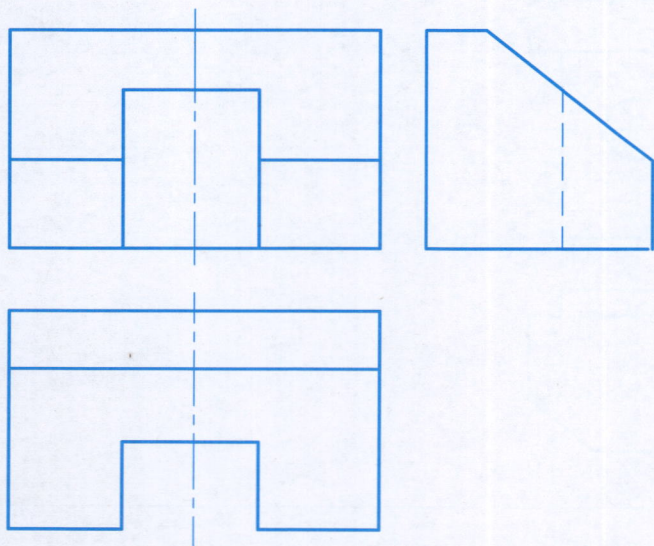

(2)

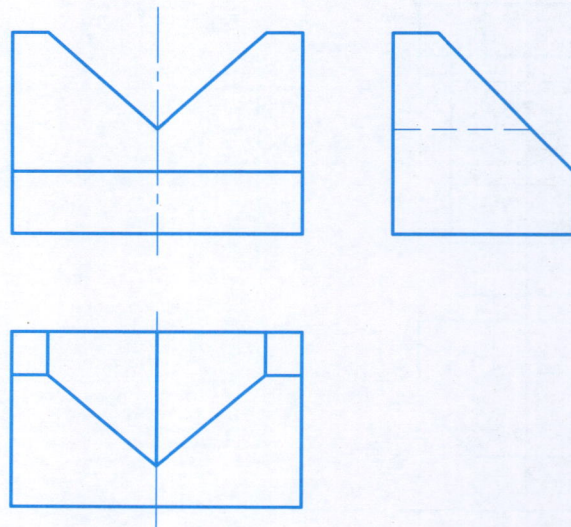

5-1 根据立体的视图画出正等轴测图。

(3)

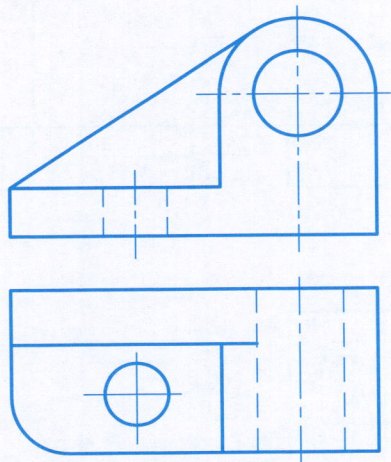

(4)

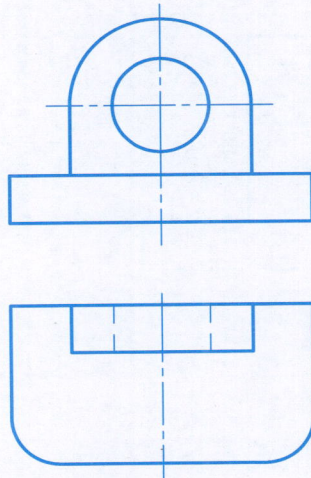

5-1　根据立体的视图画出正等轴测图。

(5)

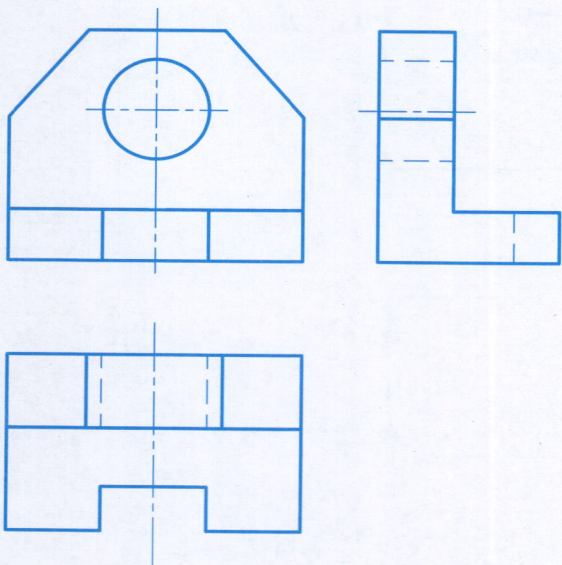

(6)

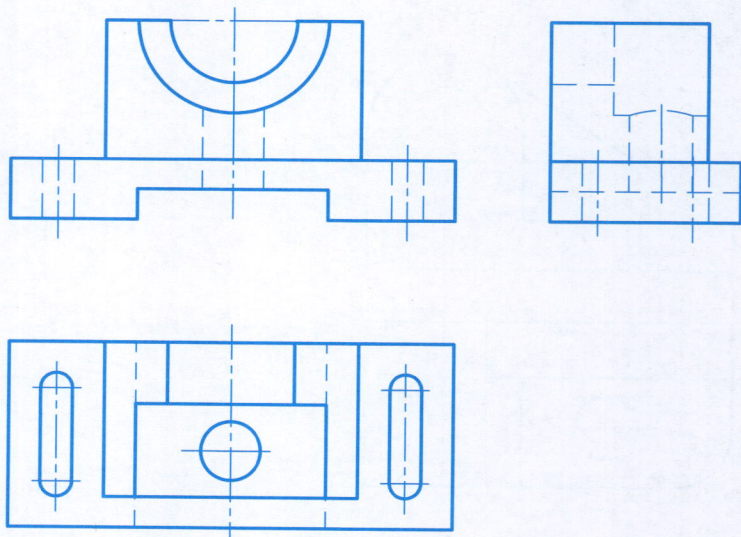

5-2 根据立体的视图画出斜二轴测图。

(1)

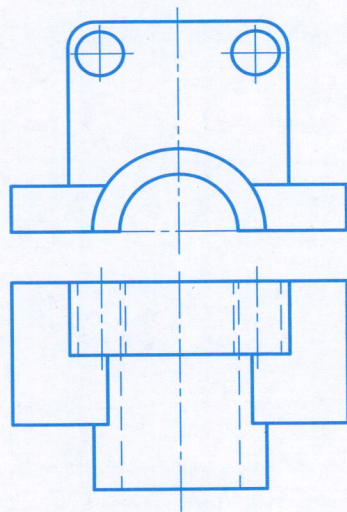

(2)

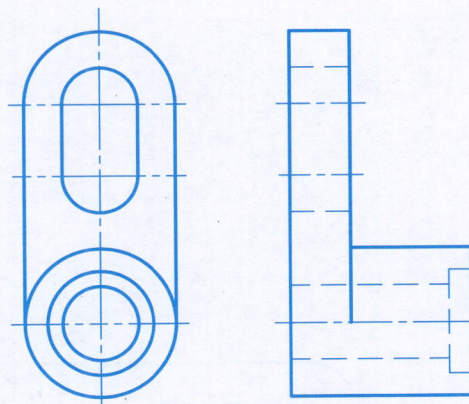

6-1 补画其他基本视图。

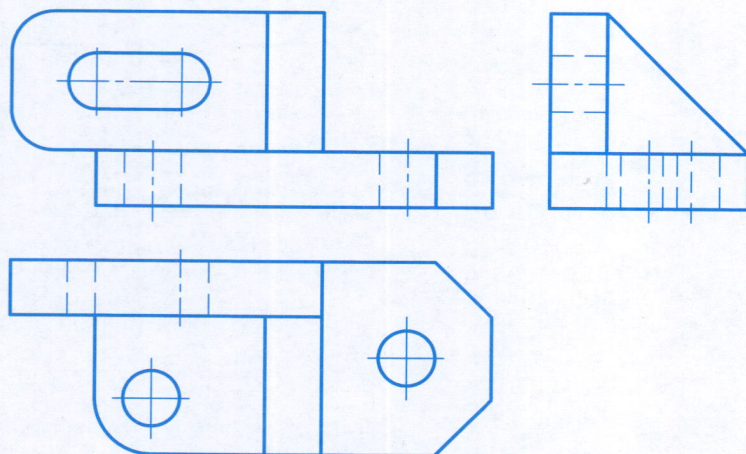

6-2 完成 *A*、*B*、*C* 向视图 。

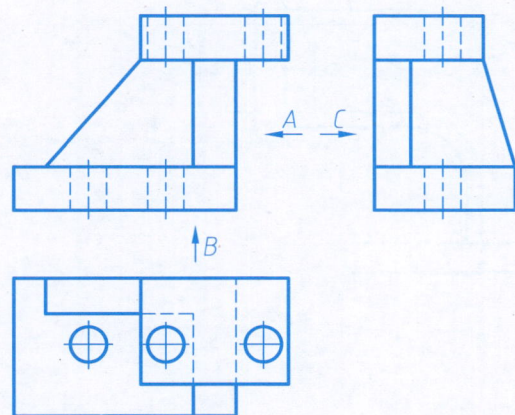

6-3 作出 *A* 向局部视图 。

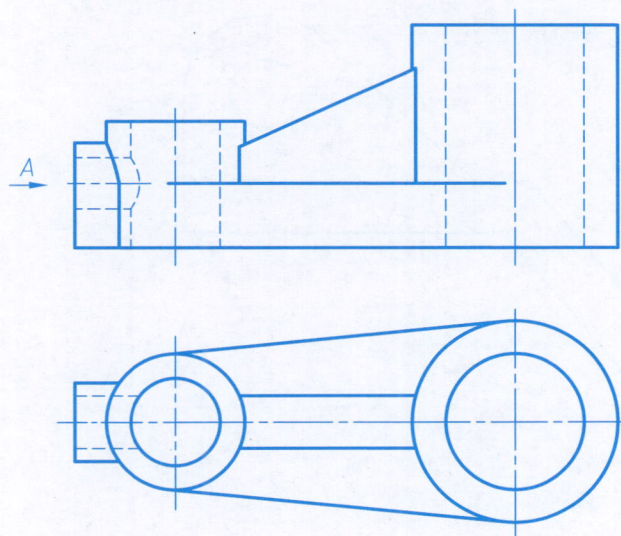

6-4 画出 *A* 向斜视图和 *B* 向局部视图。

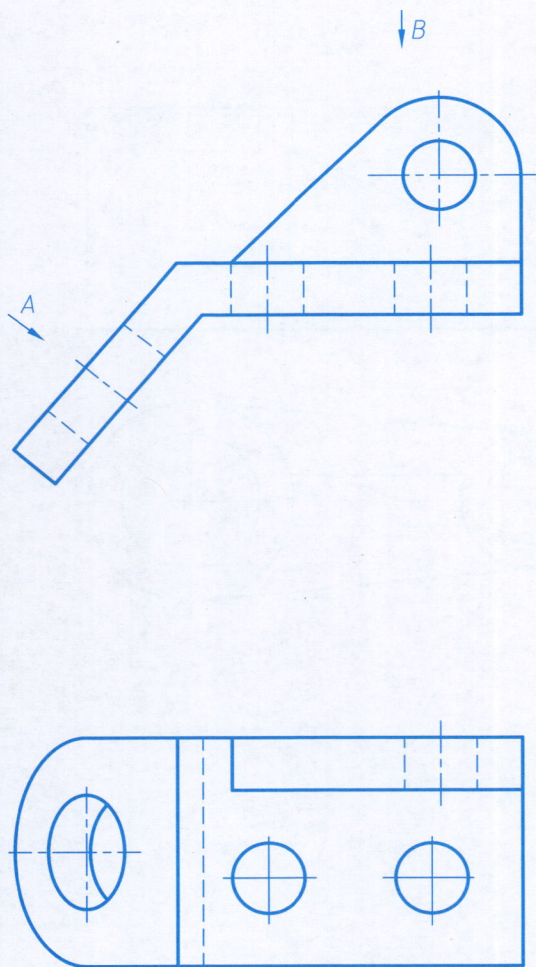

6-5 画出 *A* 向局部视图。

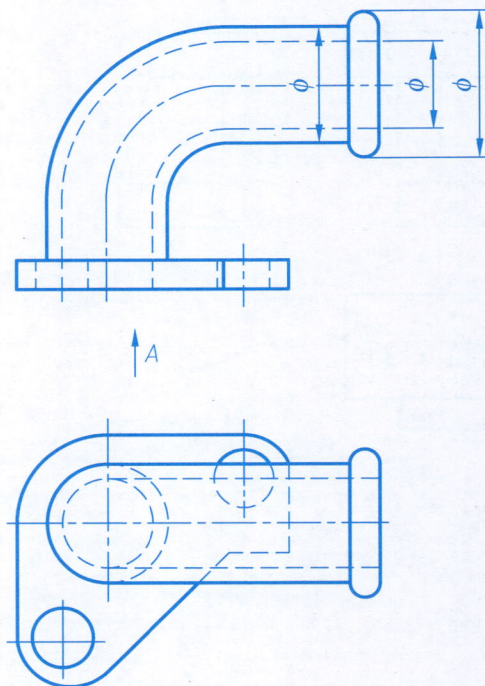

6-6 补画剖视图中缺漏的线。

(1)

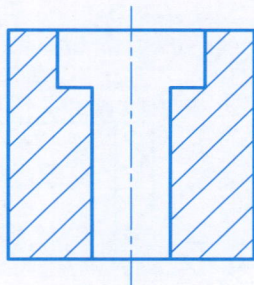

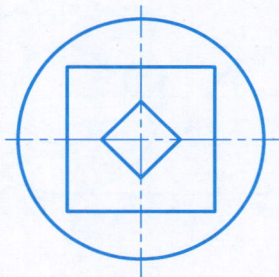

(2)

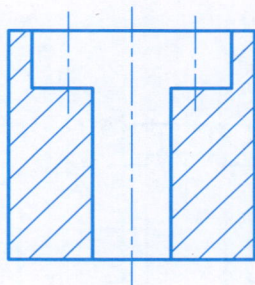

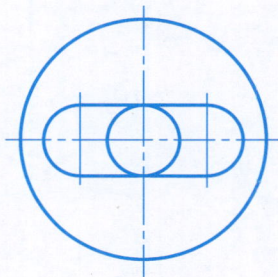

(3)

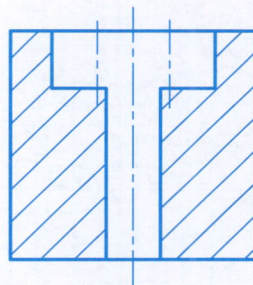

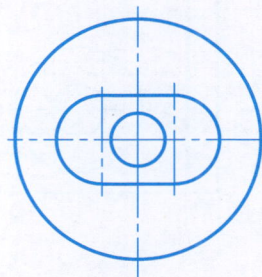

(4)

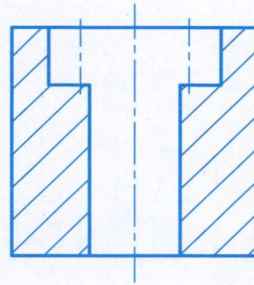

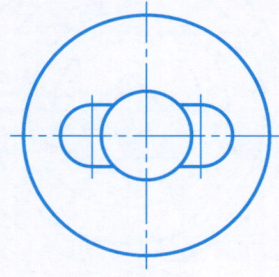

6-6 补画剖视图中缺漏的线。

(5)

(6)

$A-A$

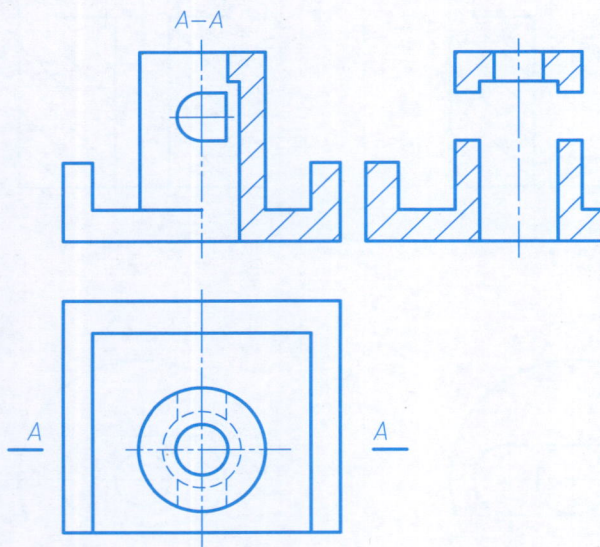

(7)

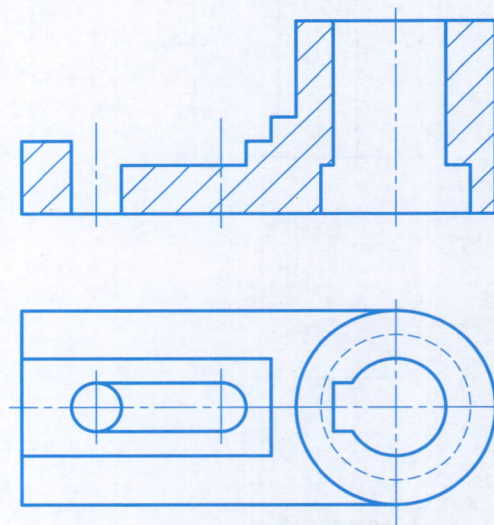

6-7 将下列机件的主视图改画成全剖视图。

(1)

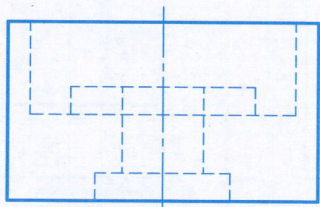

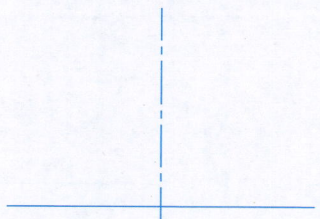

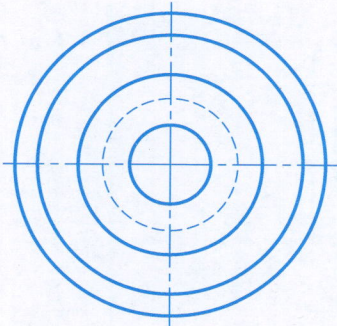

(2)

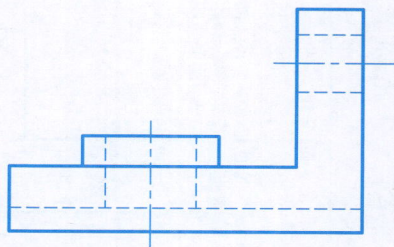

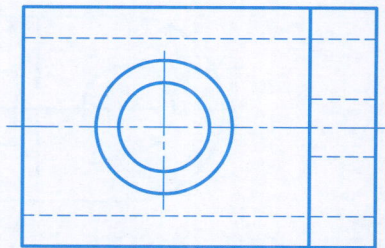

(3)

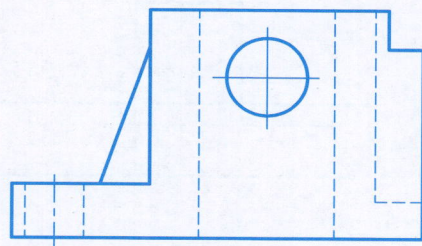

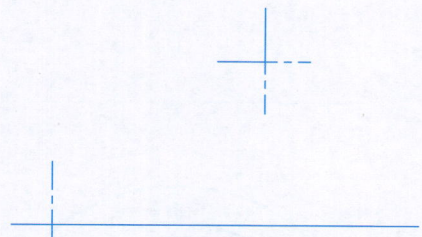

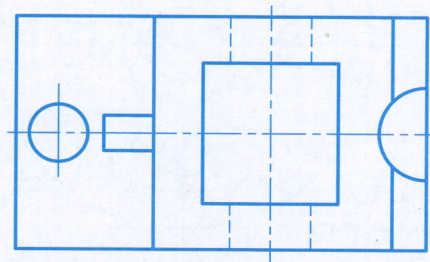

6-8　在指定位置画出全剖的主视图。

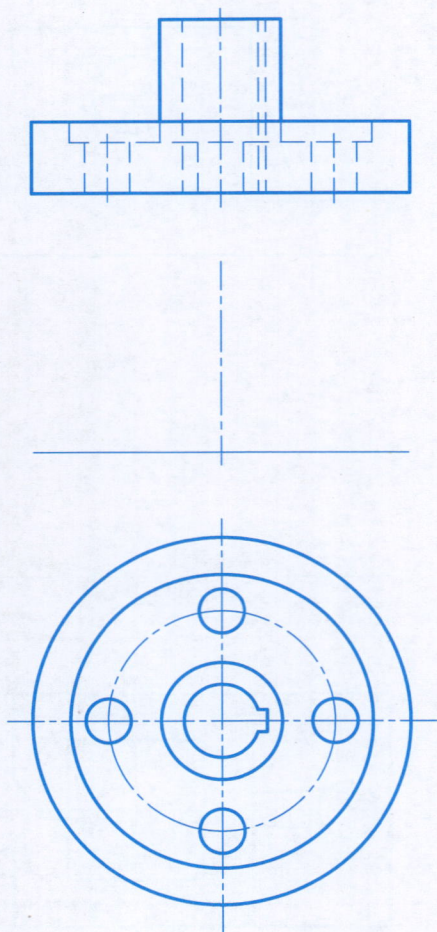

6-9　在指定位置画出全剖的主、左视图。

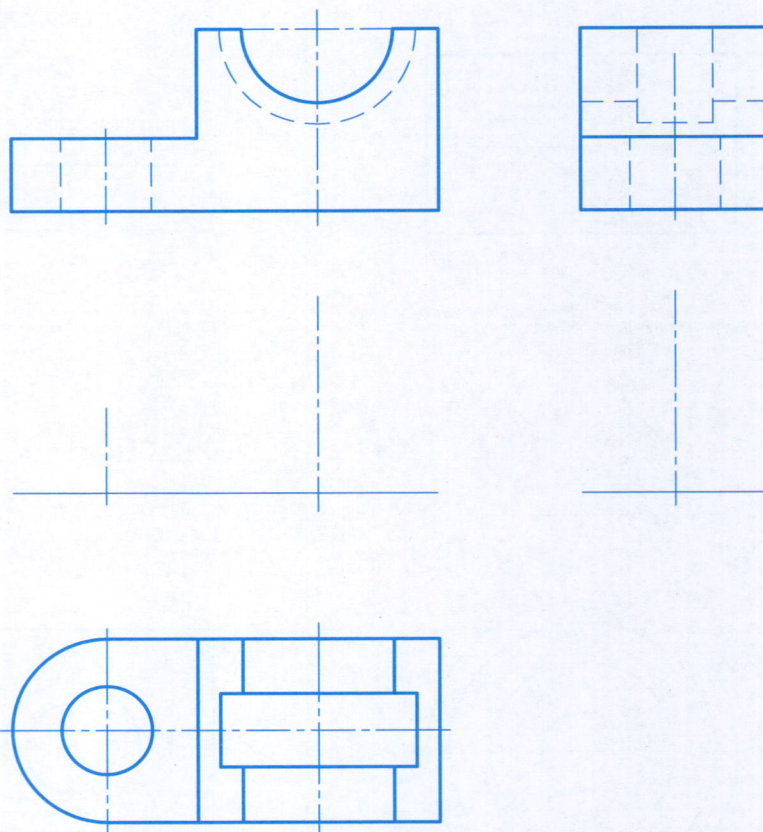

6-10 将主视图改画成全剖视图。

(1)

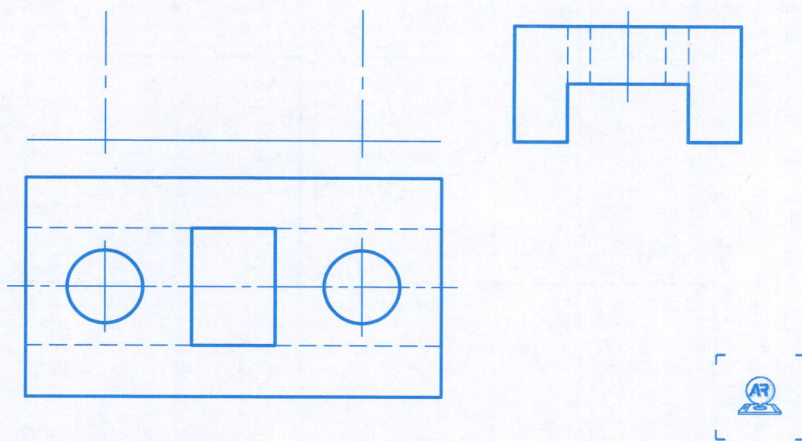

(2)

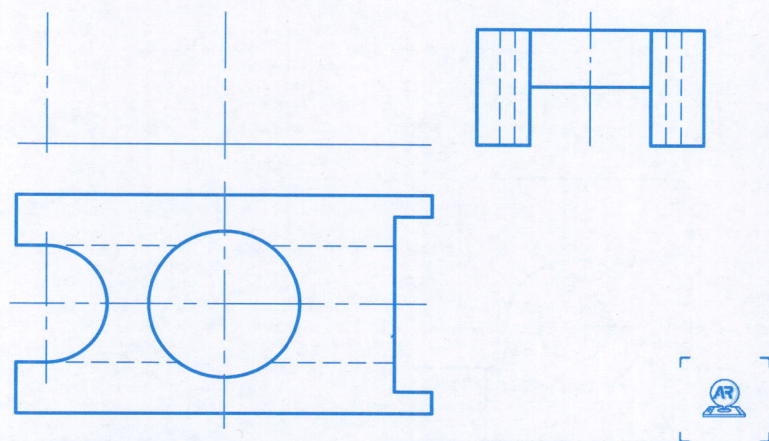

6-11 补画全剖的左视图。

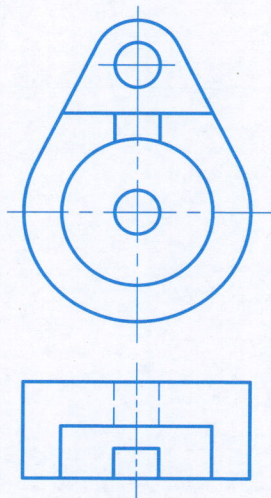

6-12 补画全剖的俯视图。

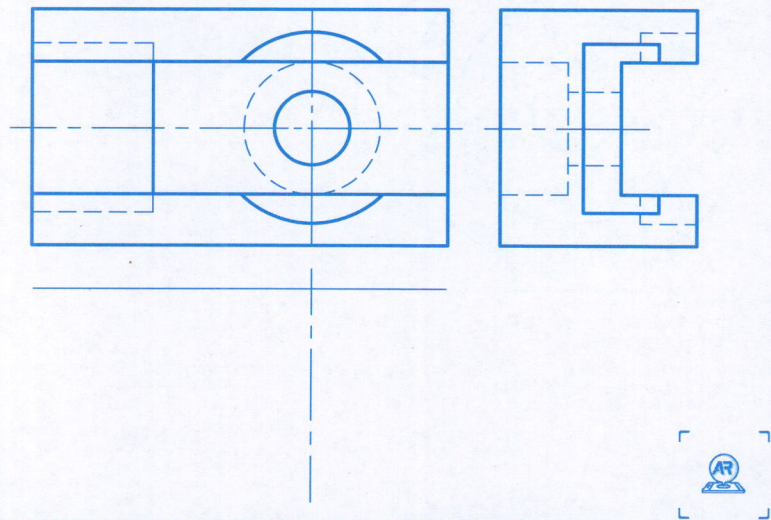

6-13　作 *A—A* 剖视图。

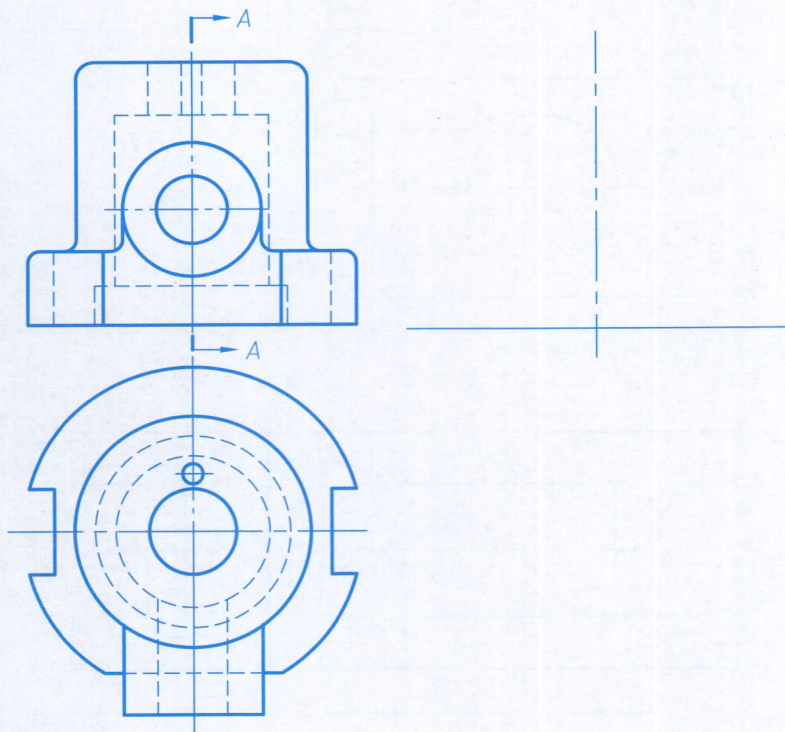

6-14　作 *A—A*、*B—B* 剖视图。

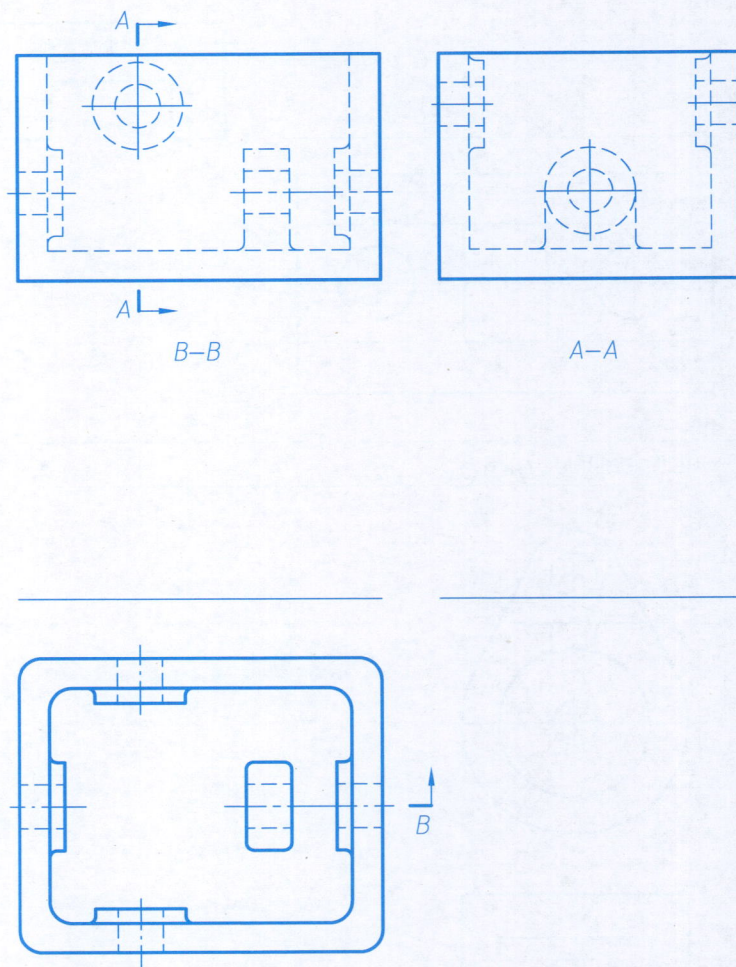

B—B

A—A

6-15 将主视图画成半剖视图。

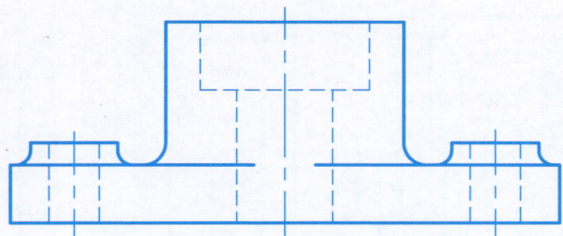

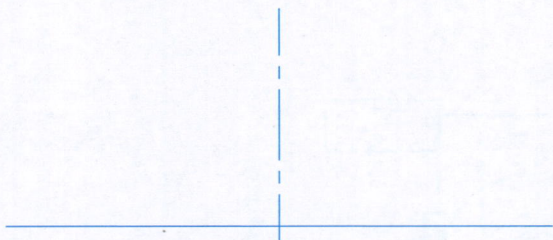

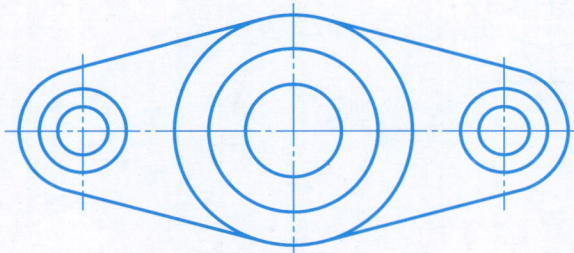

6-16 将主视图改画成半剖视图，并作出半剖的左视图。

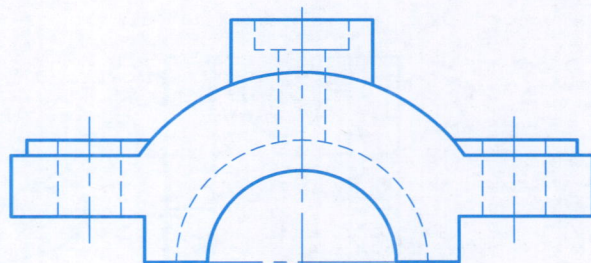

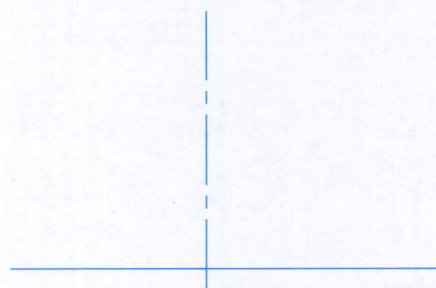

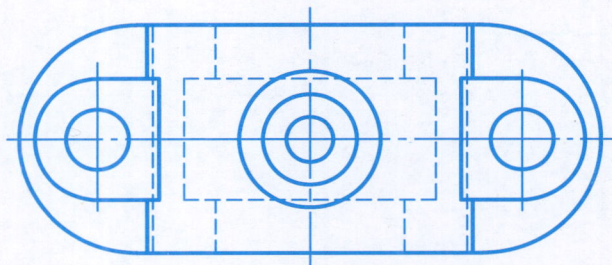

6-17 补画主视图(全剖视图)。

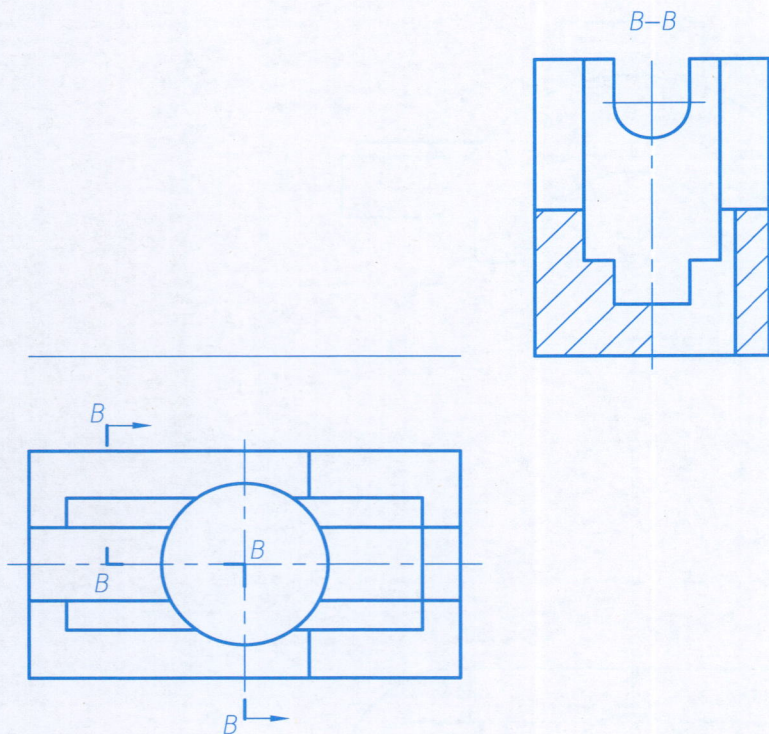

6-18 补画左视图（全剖视图）。

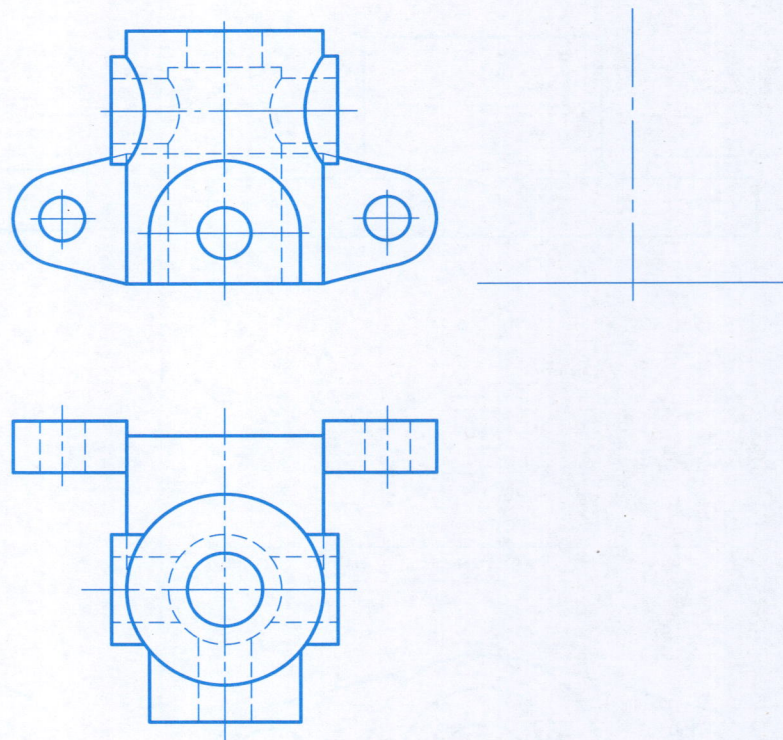

6-19　将主视图画成半剖视图，并作出全剖的左视图。

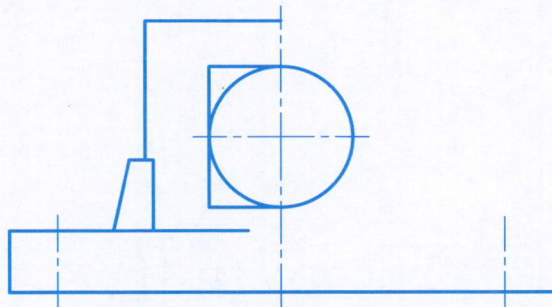

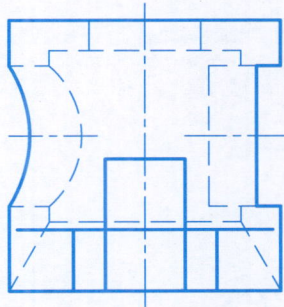

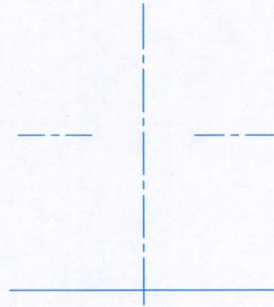

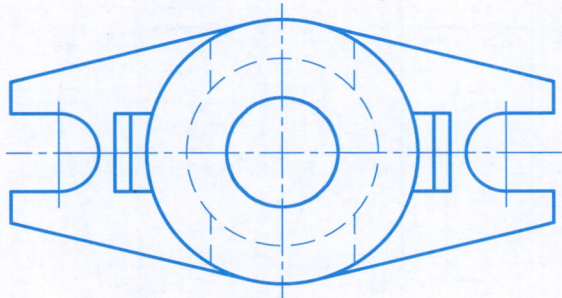

6-20　求作左视图（取半剖视）。

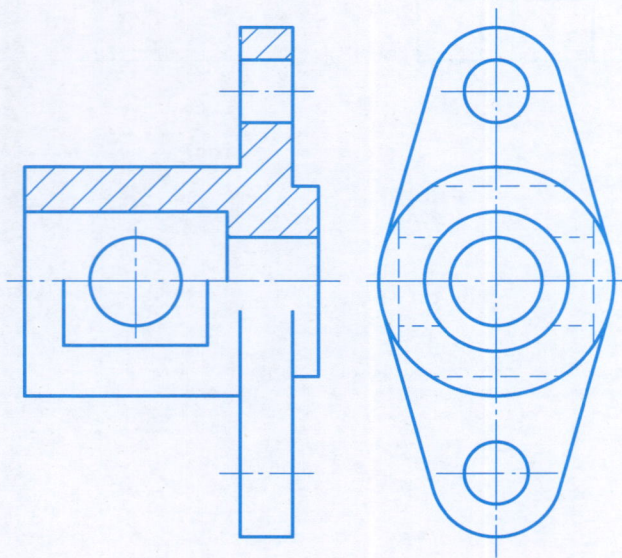

(1)

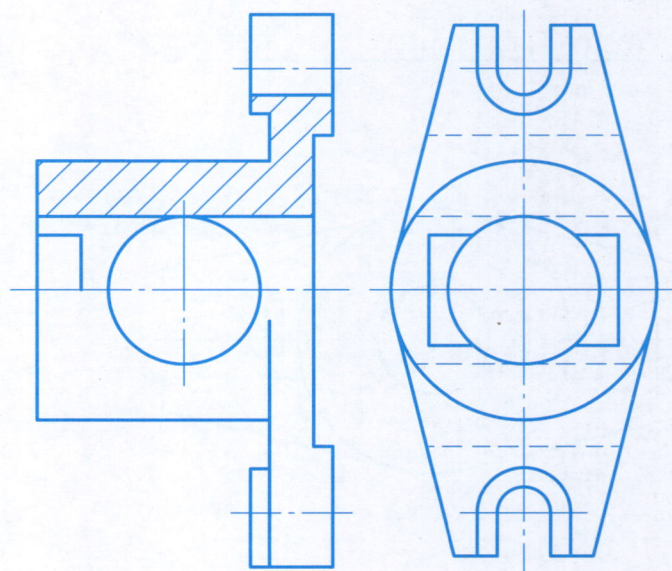

(2)

6-21 将主视图改画成全剖视图，并作出半剖的左视图。

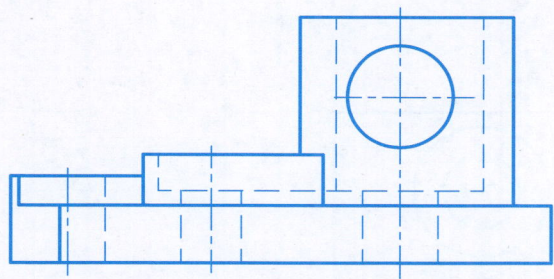

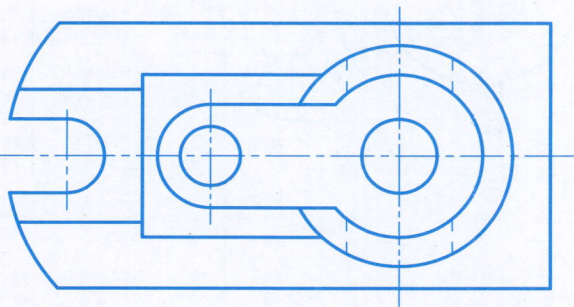

6-22 将主、俯视图改画成局部剖视图。

(1)

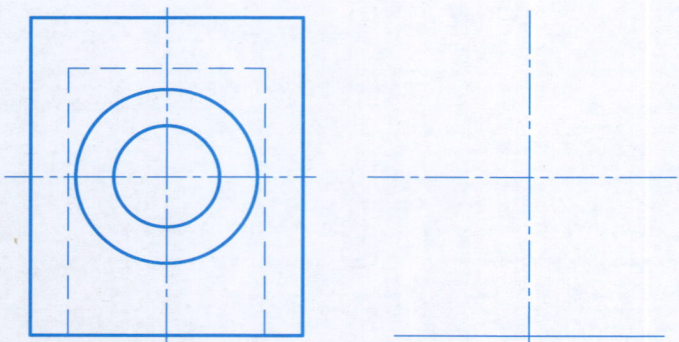

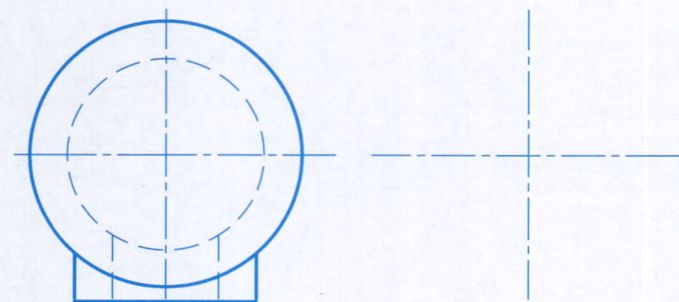

(2)

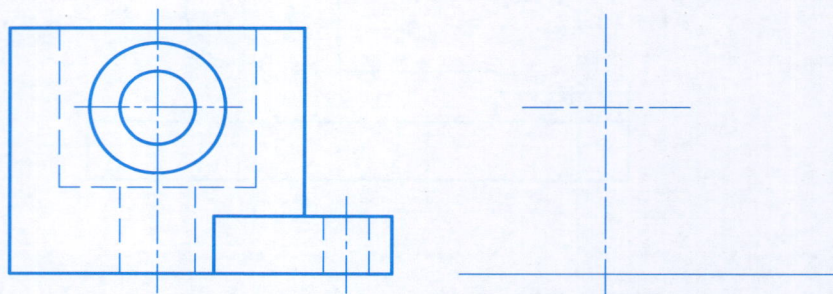

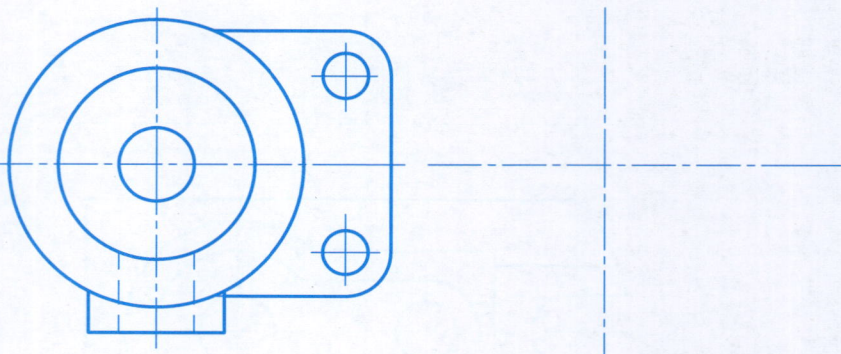

6-22 将主、俯视图改画成局部剖视图。

(3)

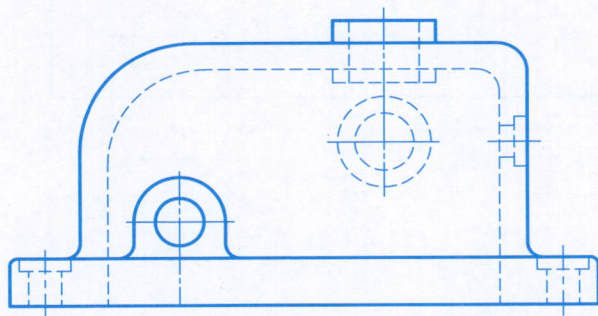

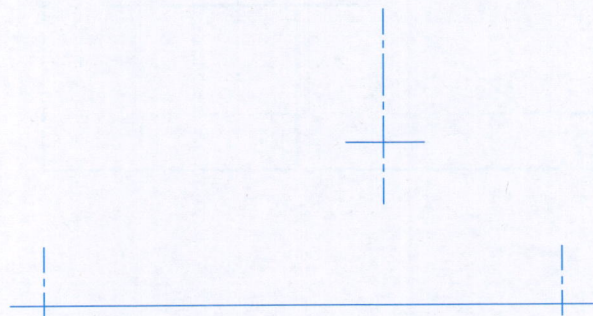

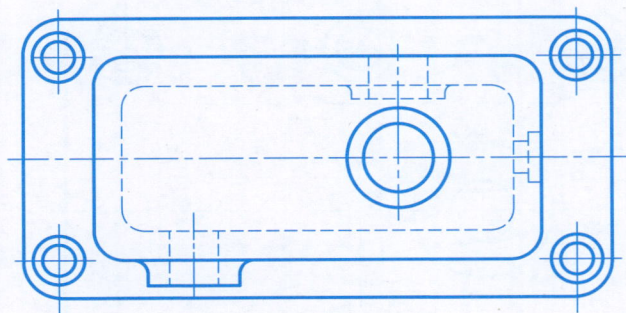

6-23 采用适当的剖切面，在指定位置把主视图画成全剖视图。

(1)

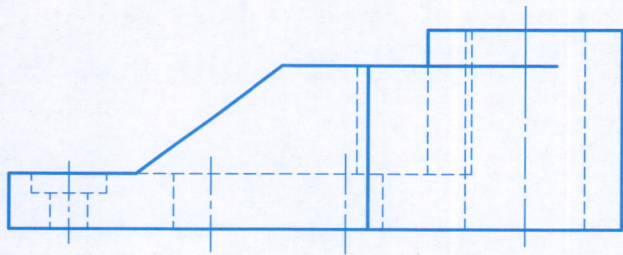

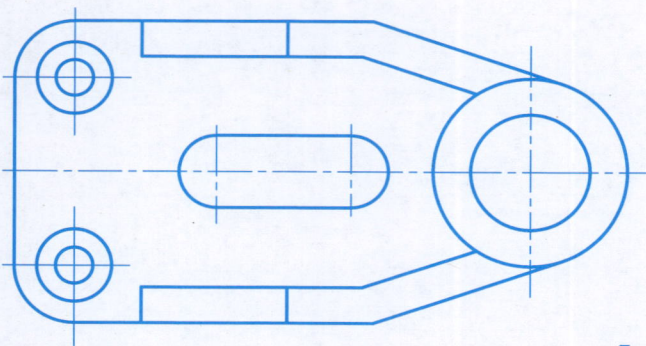

(2)

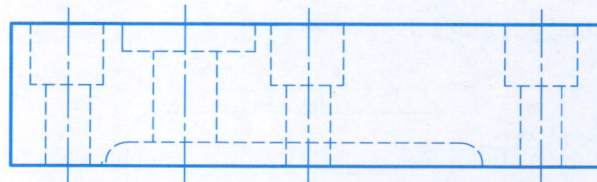

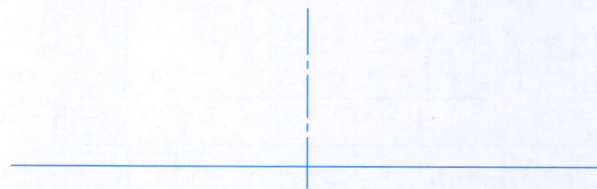

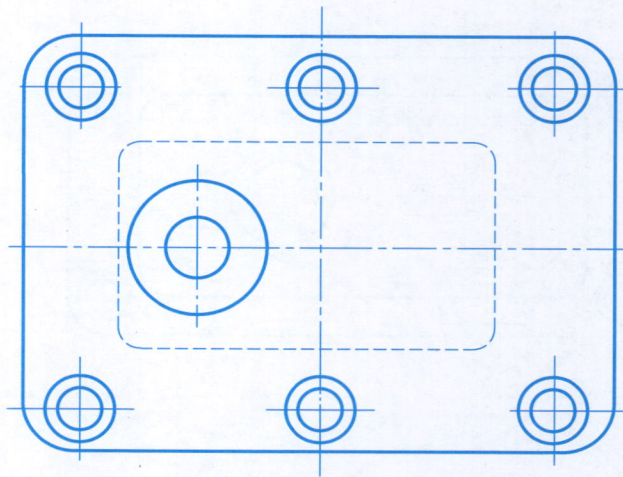

6-24 用两个相交的剖切面，在指定位置把主视图画成全剖视图。

(1)

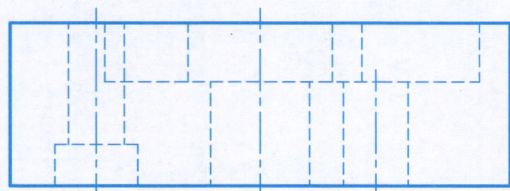

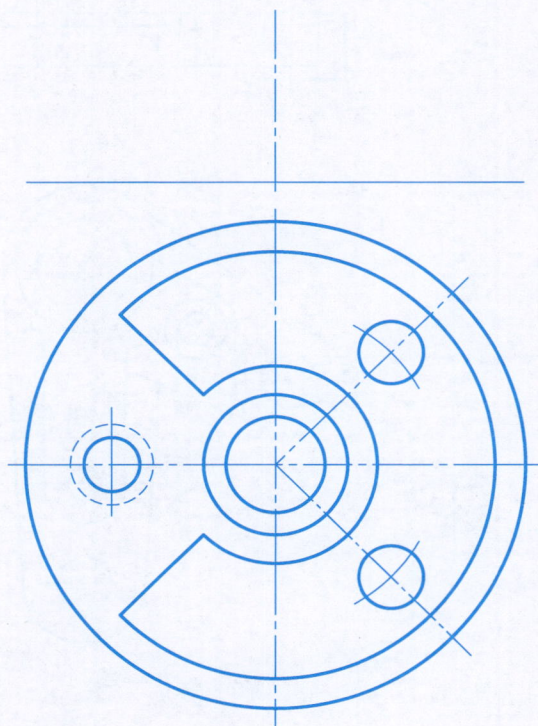

(2)

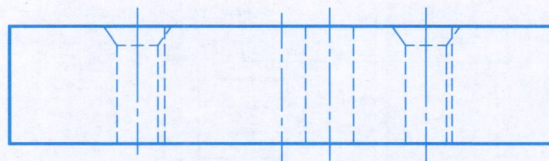

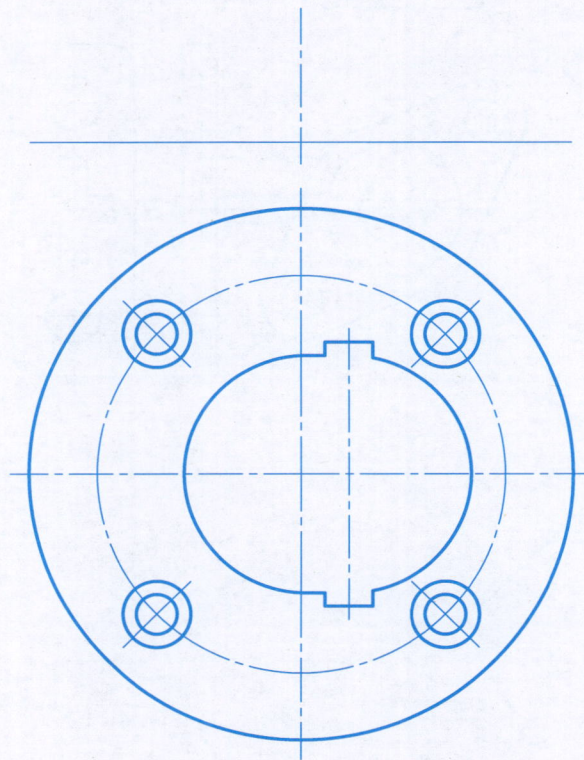

6-25 求作 *A—A* 剖视图。

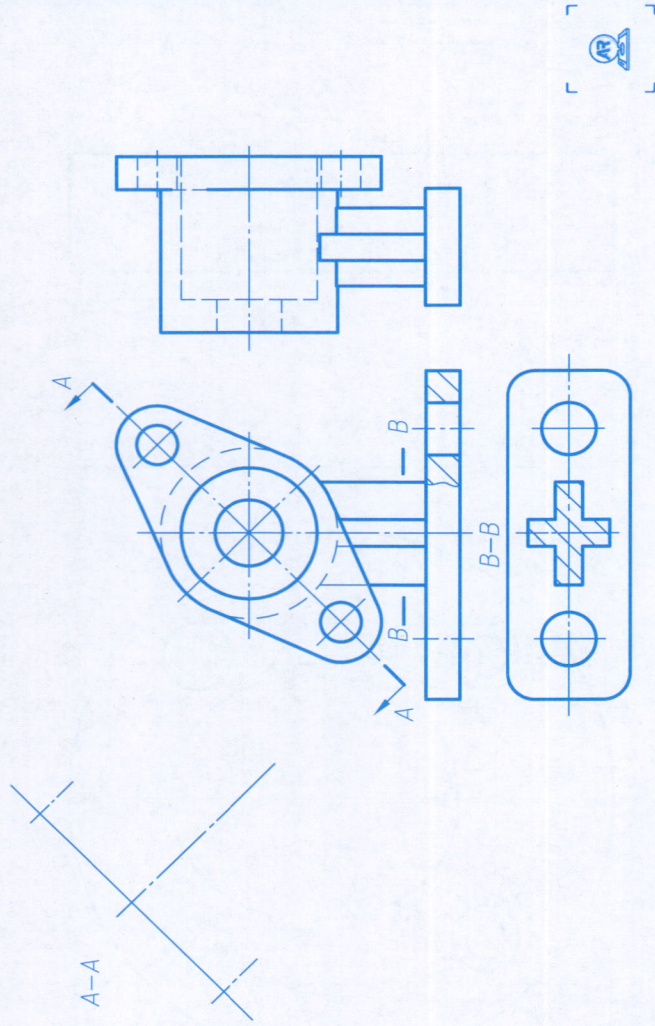

A—A

6-26 求作 *A—A* 及 *B—B* 剖视图。

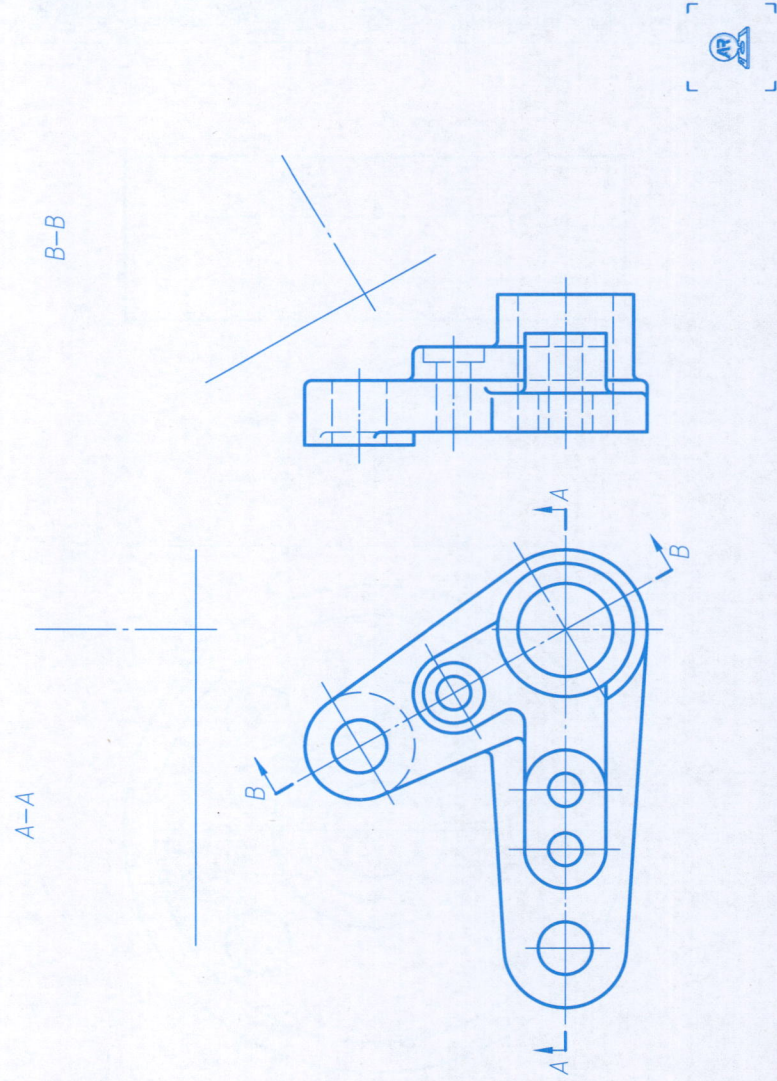

A—A

B—B

6-27　画出指定位置的断面图（左面键槽深 4，右面键槽深 3）。

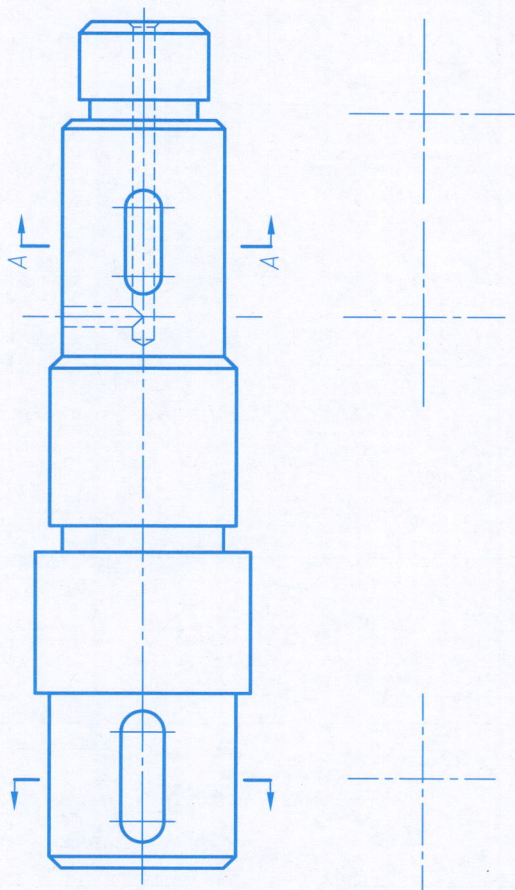

6-28　下列四组移出断面图中，哪一组是正确的（　　　）。

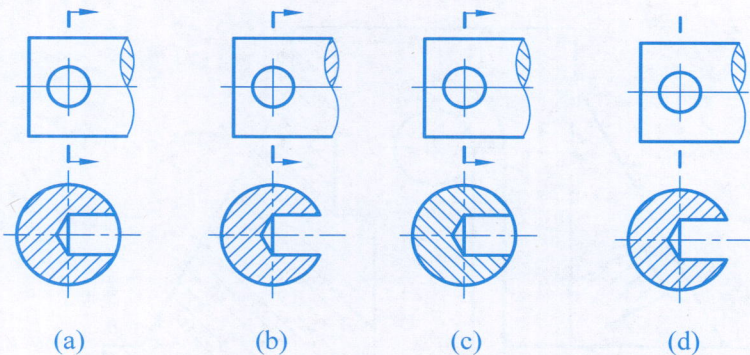

(a)　　　　　(b)　　　　　(c)　　　　　(d)

6-29　对四种不同的 $A-A$ 移出断面图有如下判断，哪一种判断是正确的（　　　）。

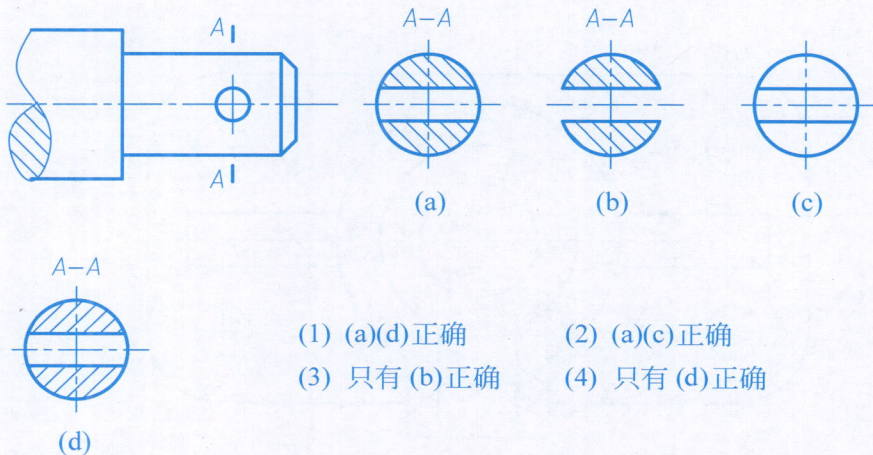

$A-A$　　　　$A-A$

(a)　　　　　(b)　　　　　(c)

$A-A$

(d)

(1)　(a)(d)正确　　　　(2)　(a)(c)正确

(3)　只有 (b)正确　　　　(4)　只有 (d)正确

6-30 改正图中的错误，将正确的画在右边。

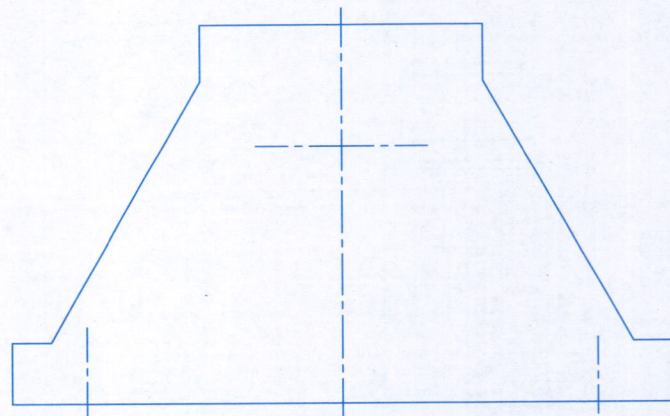

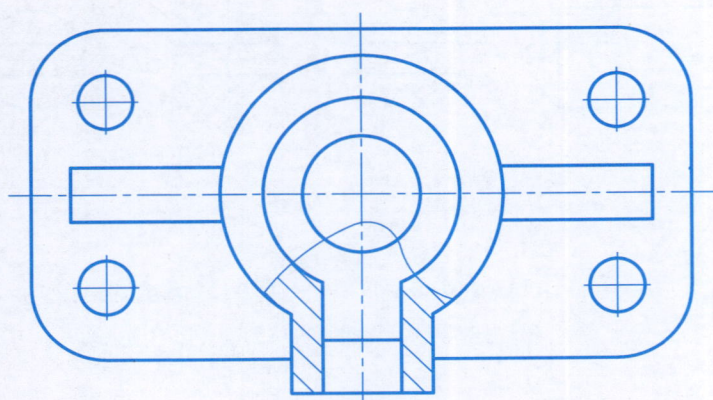

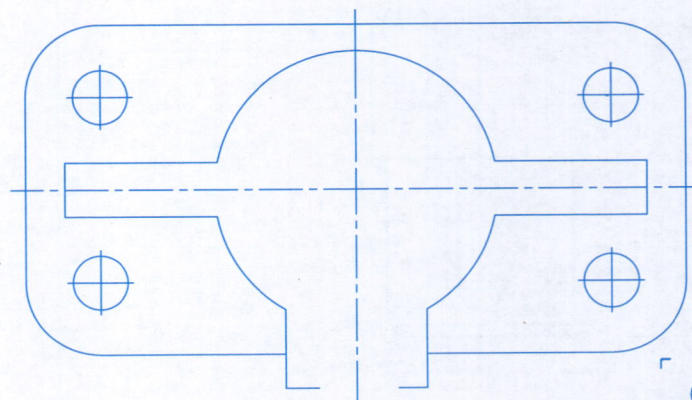

6-31 根据机件的视图，采用适当的表达方法，按 1:1 的比例，在 A3 图纸上重新绘制机件视图并标注尺寸。

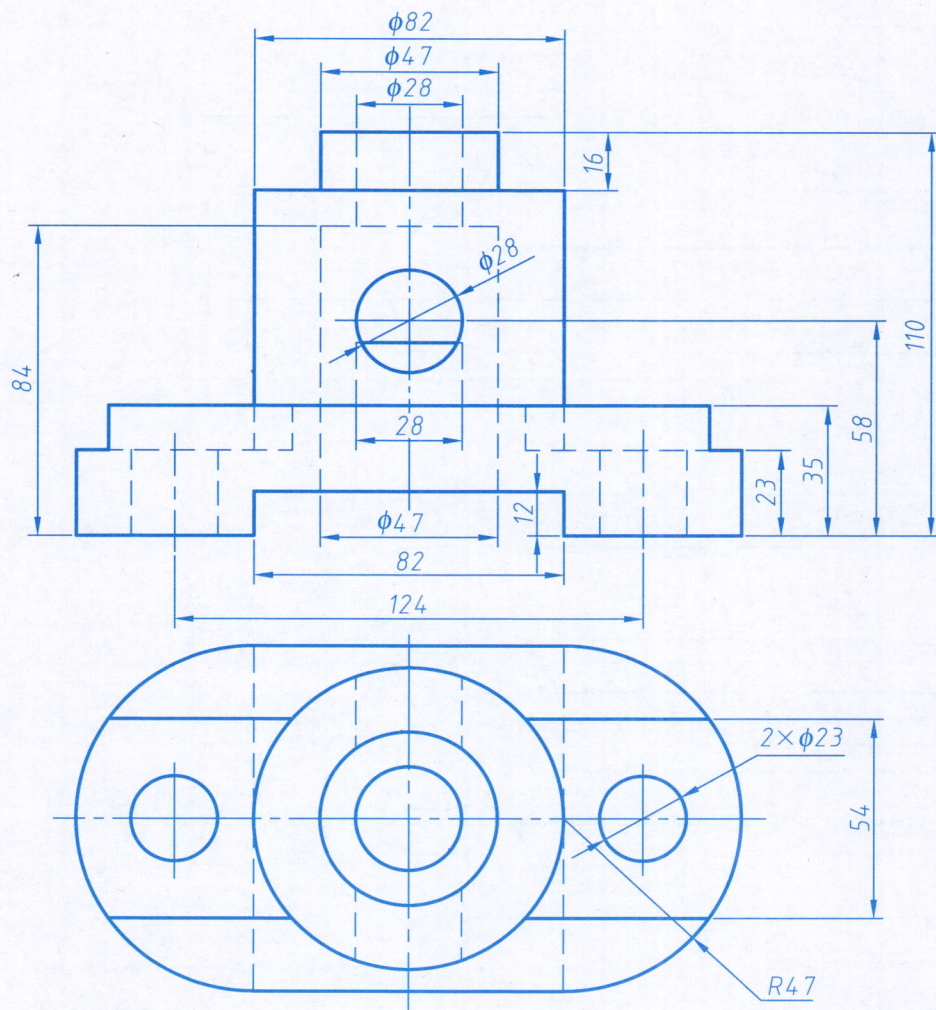

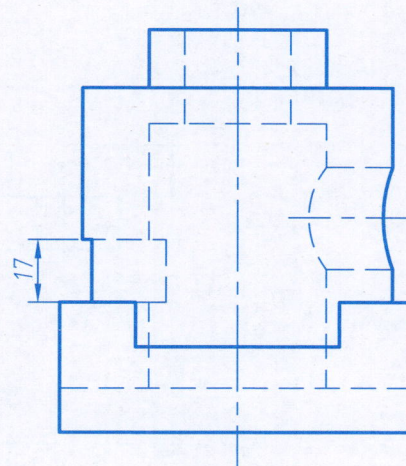

6-32 根据机件的视图，采用适当的表达方法，在 A3 图纸上重新绘制机件视图并标注尺寸。

(1)

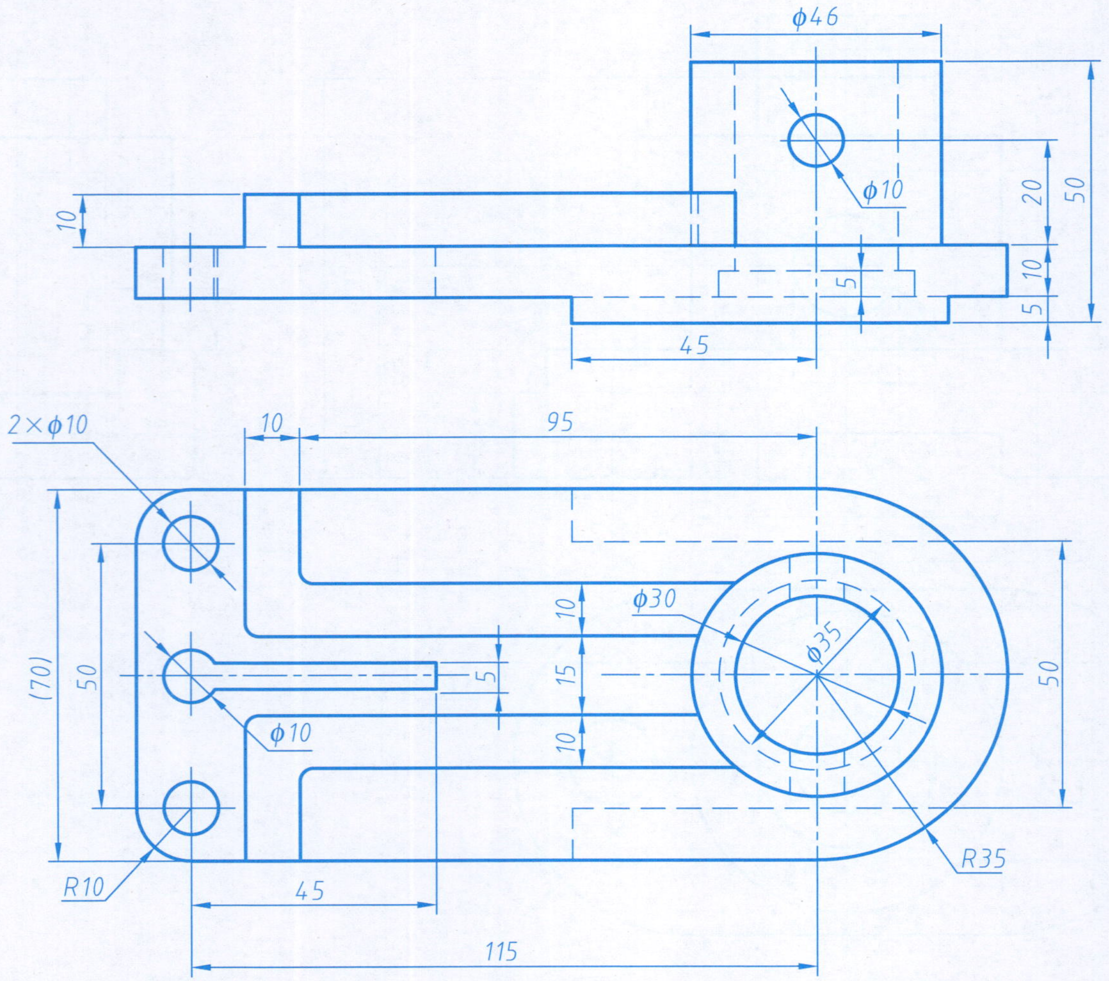

6-32　根据机件的视图，采用适当的表达方法，在 A3 图纸上重新绘制机件视图并标注尺寸。

(2)

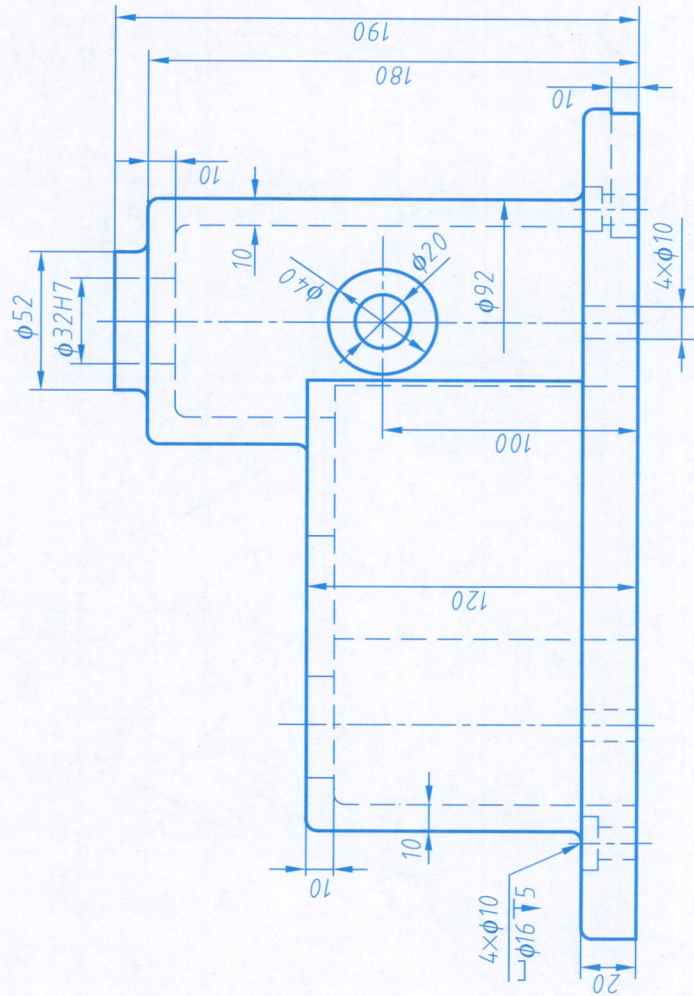

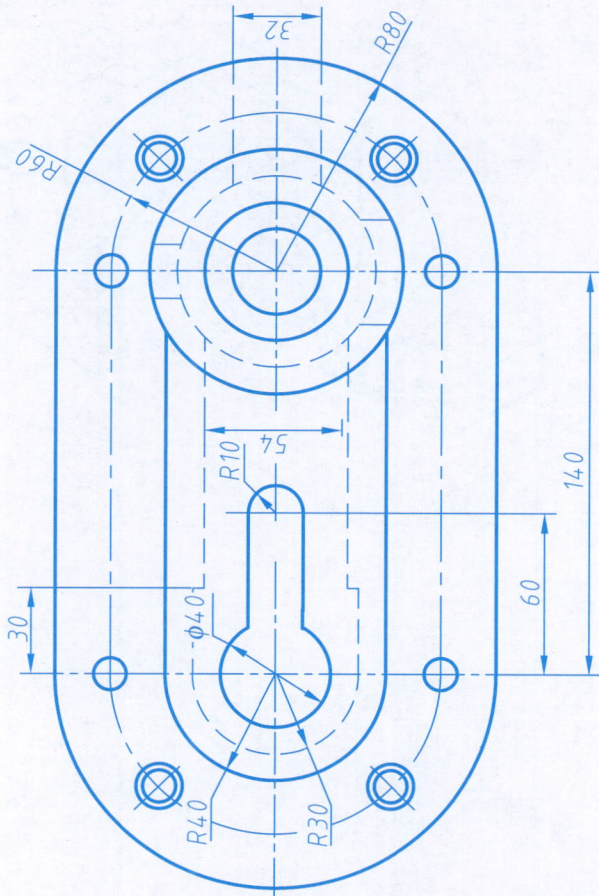

6-33 根据机件的轴测图，采用适当的表达方法，在 A3 图纸上绘制机件视图并标注尺寸。

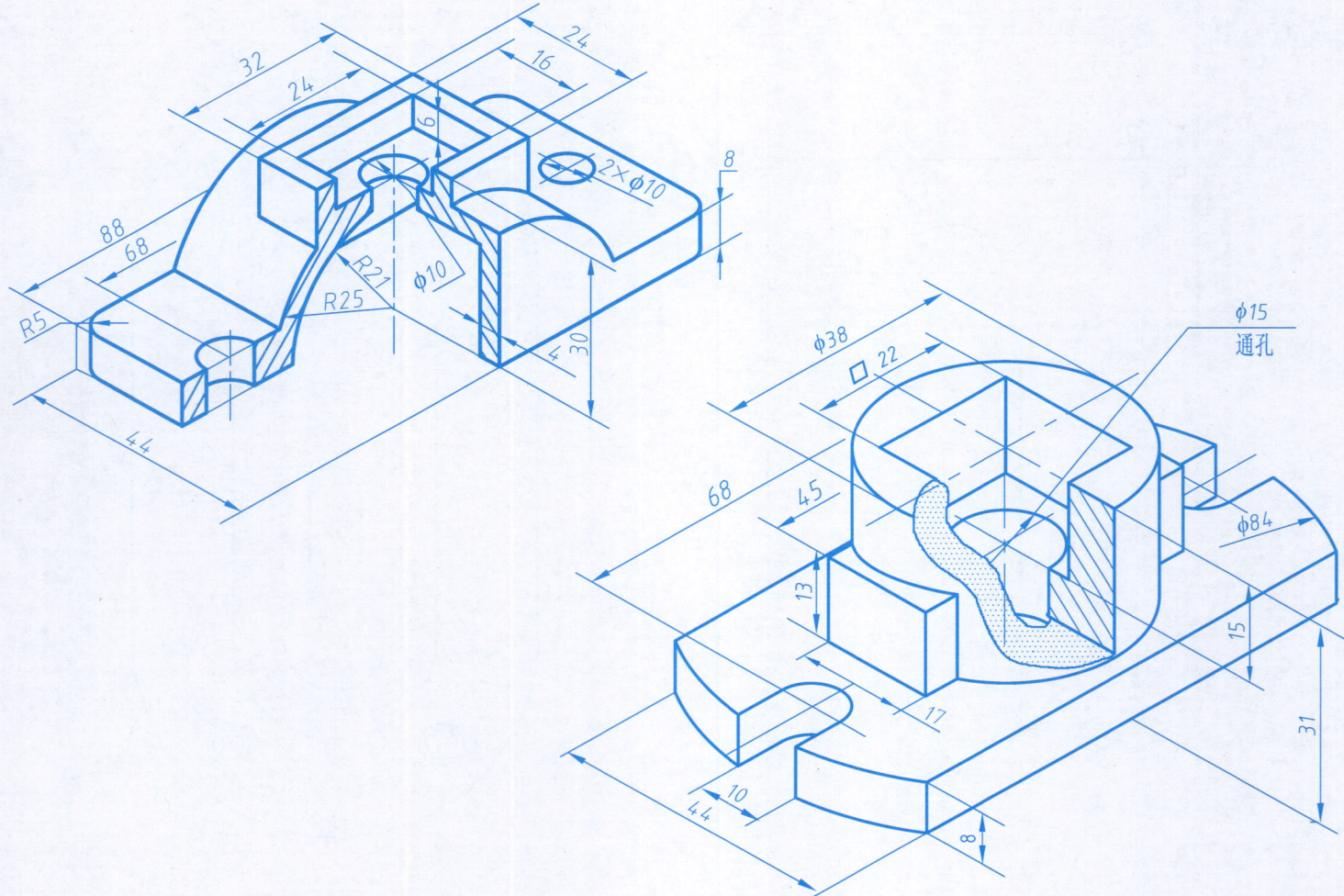

7-1　识别下列螺纹标记中各代号的意义，并填表。

螺纹标记	螺纹种类	螺纹大径	导程	螺距	线数	中径公差带代号	旋向
M20—6H—LH							
M20×1.5—6g7g							
Tr40×14(P7)—8e							
G3/8							

7-2　检查螺纹画法中的错误，按正确画法画在下面。

(1)

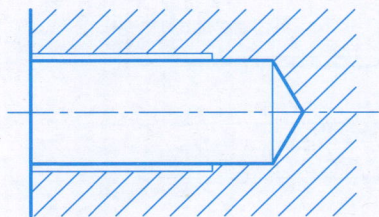
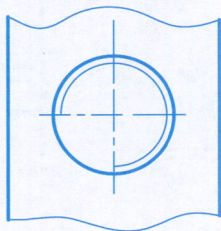

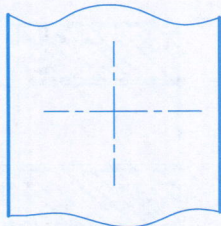

(2)

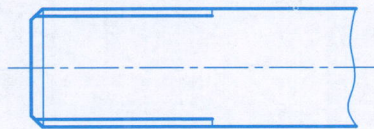

7-3　按规定画法，在指定位置绘制螺纹的主、左两视图。

(1) 外螺纹 大径M20，螺纹长30，螺杆长40，螺纹倒角C2。

(2) 内螺纹 大径M20，螺纹孔深30，钻孔深40，螺纹倒角C2。

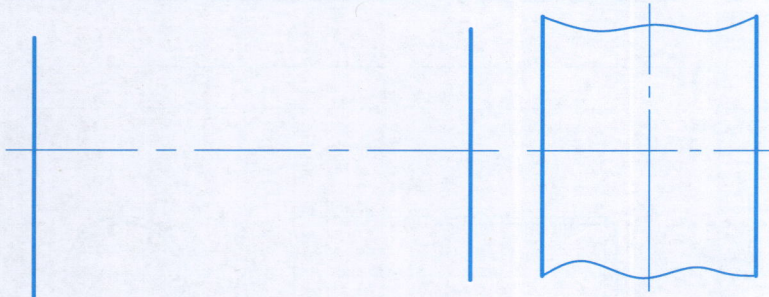

(3) 将上述内、外螺纹旋合，旋入长度为20，画出螺纹连接的主视图。

7-4　根据已知条件查表填写螺纹连接件的尺寸并标注。

(1) A型双头螺柱：公称直径为12，公称长度50。

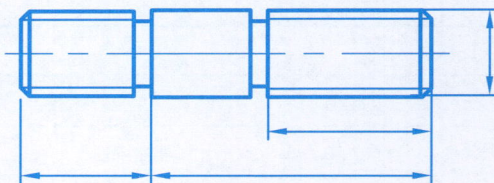

标记　_____

(2) 六角头螺栓：公称直径为12，公称长度40。

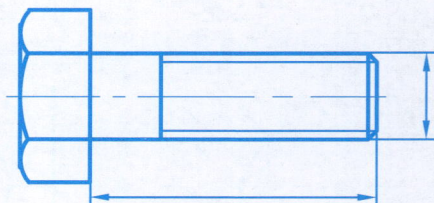

标记　_____

7-5　分析螺纹画法中的错误，在指定位置画出正确的视图。

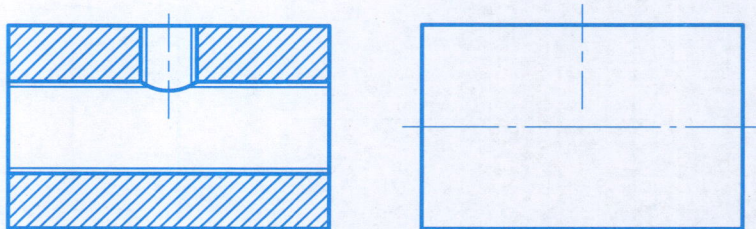

7-6 完成螺栓连接的装配图。

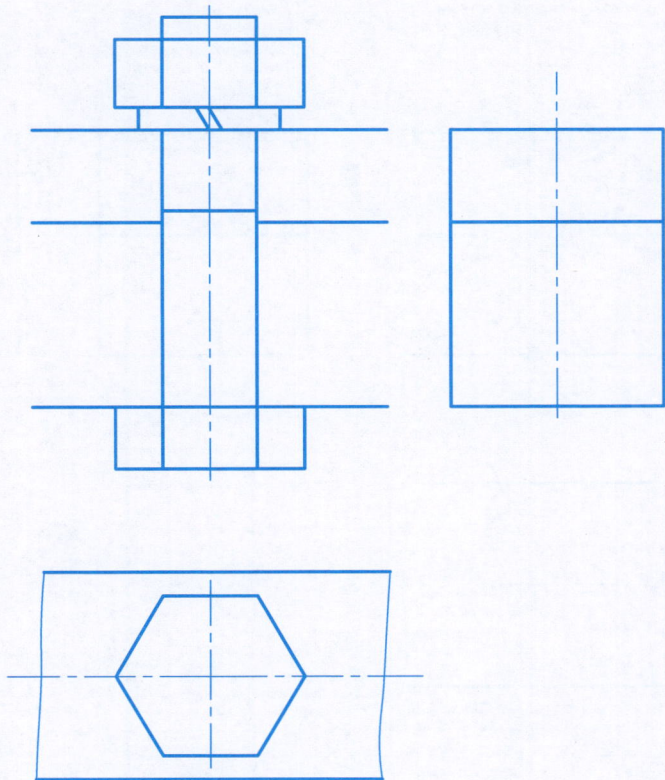

7-7 完成螺钉连接的装配图。

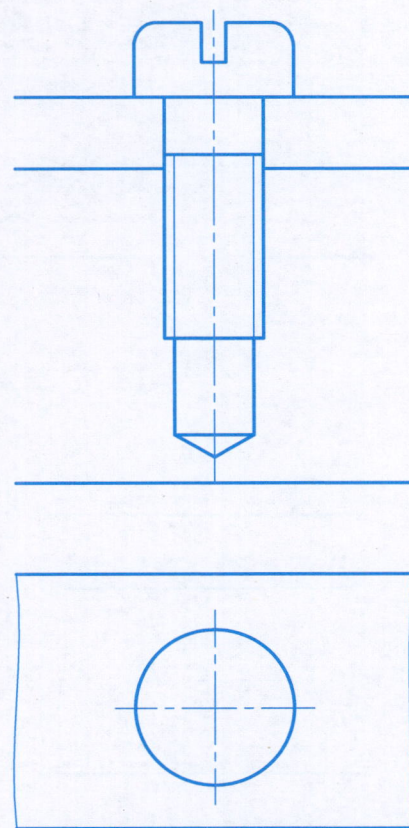

7-8　画螺柱连接装配图，主视图全剖，俯视图不剖。
　　（采用比例画法，要测出图中比例，l计算后取标准值）
(1) 螺柱 GB/T 899 M20×l；
(2) 螺母 GB/T 6170 M20；
(3) 垫圈 GB/T 93 20；
(4) 机座材料：铸铁。

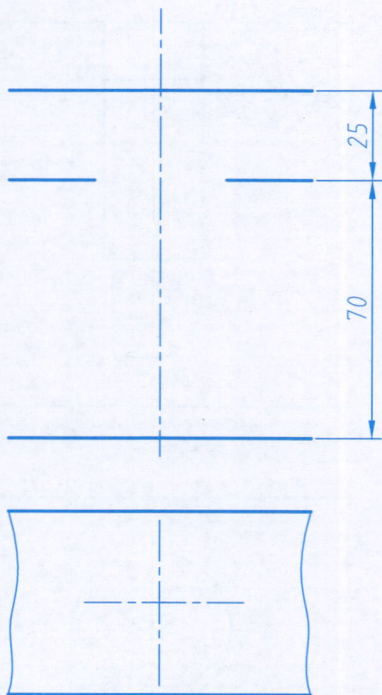

7-9　画螺栓连接装配图，主视图全剖，俯视图和左视图不剖。
　　（采用比例画法，要测出图中比例，l计算后取标准值）
(1) 螺栓 GB/T 5782 M20×l；
(2) 螺母 GB/T 6170 M20；
(3) 垫圈 GB/T 97.1 20。

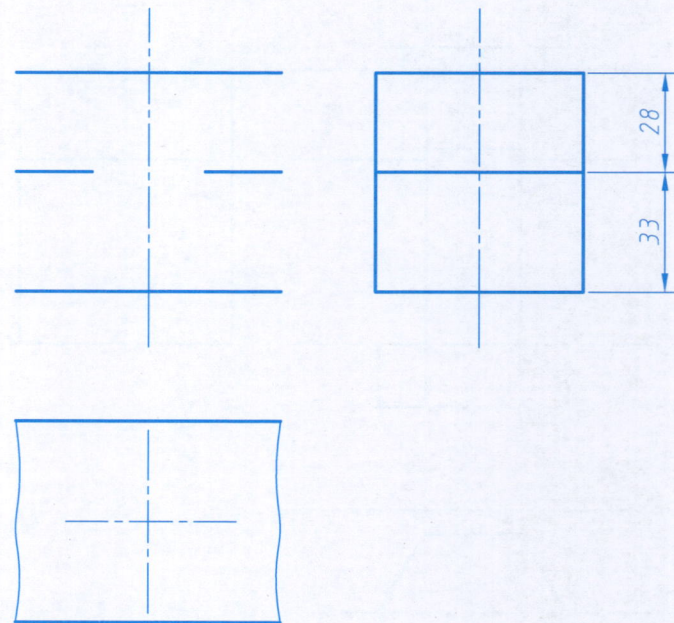

7-10　查表画出轴孔及轮毂上的键槽孔 (1:1测量)，并标注尺寸。

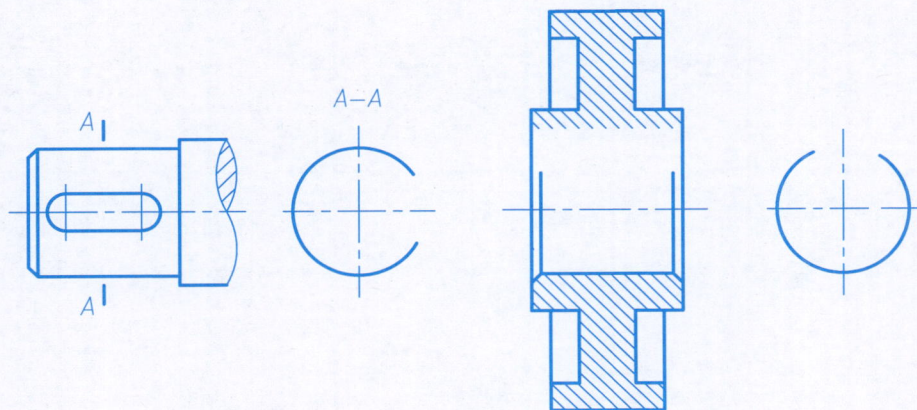

A

A

A—A

7-11　画出题 7-10 中键连接的装配图。

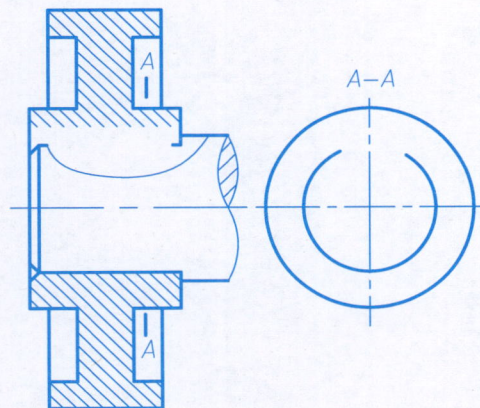

A

A

A—A

7-12　选出适当长度的 $\phi5$ 圆锥销，画出销连接的装配图，并写出销的规定标记：_____。

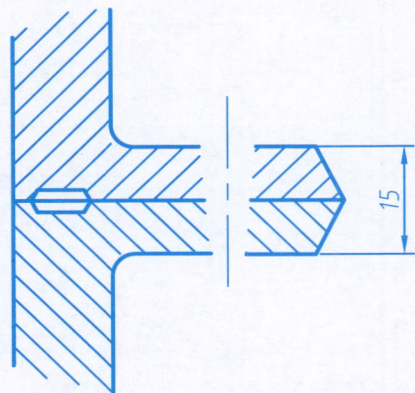

15

7-13　选出适当长度的 $\phi6$ 圆柱销，画出销连接的装配图，并写出销的规定标记：_____。

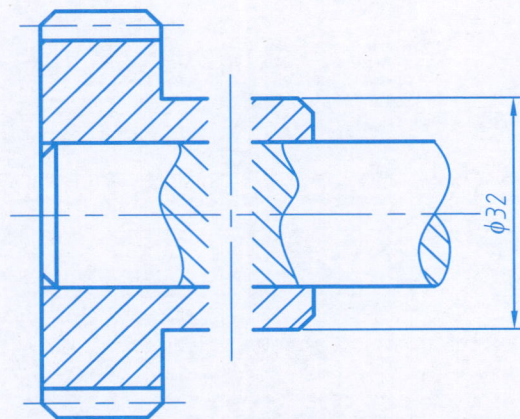

$\phi32$

7-14　查表并用规定画法画出指定的滚动轴承，并在图上标注尺寸。

(1)深沟球轴承
6208 GB/T 276—2013。

(2)单向推力球轴承
51208 GB/T 301—2015。

(3)圆锥滚子轴承
32208 GB/T 297—2015。

7-15　画出圆柱螺旋压缩弹簧的全剖视图，并标注尺寸。
其主要参数为：外径 $\phi60$，簧丝直径 $\phi8$，节距 10，右旋，有效圈数 7.5，总圈数 10。

7-16　完成直齿圆柱齿轮的主、左视图，并标注尺寸（模数 $m=3$，齿数 $z=24$）。

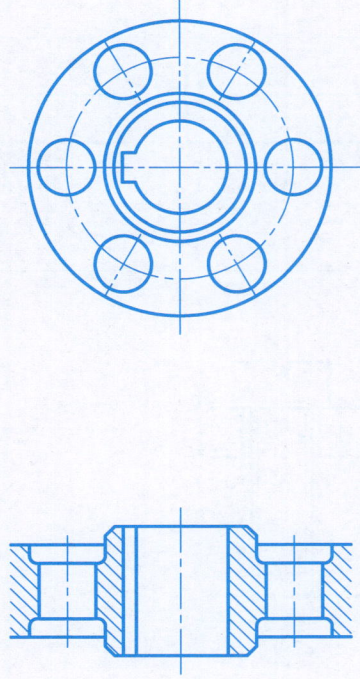

7-17　根据文字题目，在A3图纸上画出齿轮啮合的主、左两视图。

已知大齿轮齿数 $z_1=34$，小齿轮 $z_2=26$，模数 $m=3$，大小齿轮上均匀分布6个直径为 $\phi15$ 的孔。大齿轮上均匀分布6个直径为 $\phi20$。大小齿轮的宽度 $B=25$。大齿轮键槽孔直径为 $\phi25$，小齿轮键槽孔直径为 $\phi20$，孔心距为 $\phi60$；小齿轮键槽孔直径为 $\phi10$ 的孔，孔心距为 $\phi50$，请画出齿轮连接的主、左两视图。

7-18 螺纹及螺纹连接件选择填空题目。

(1) 关于螺杆与螺孔装配图的画法，正确的是（　）。

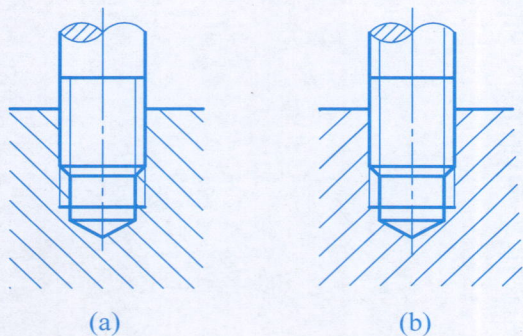

(a)　　　　　(b)

(2) 关于螺孔与圆孔正交相贯线的画法(简化画法)正确的是（　）。

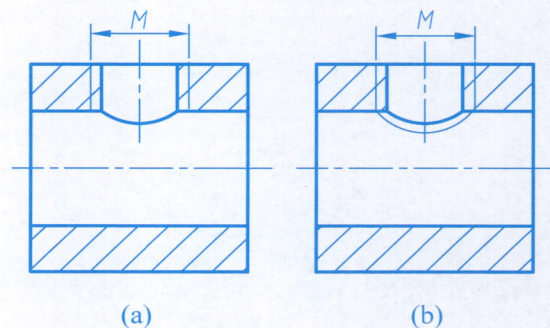

(a)　　　　　(b)

(3) 下列三组螺钉的画法，正确的是（　）。

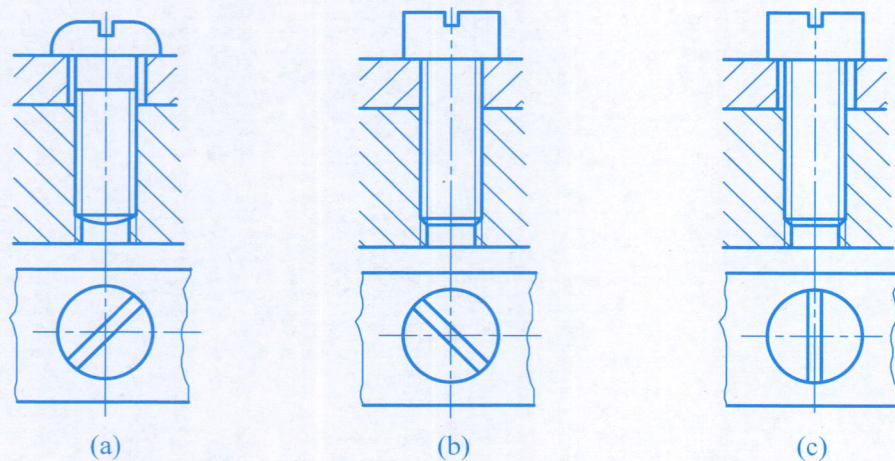

(a)　　　　　(b)　　　　　(c)

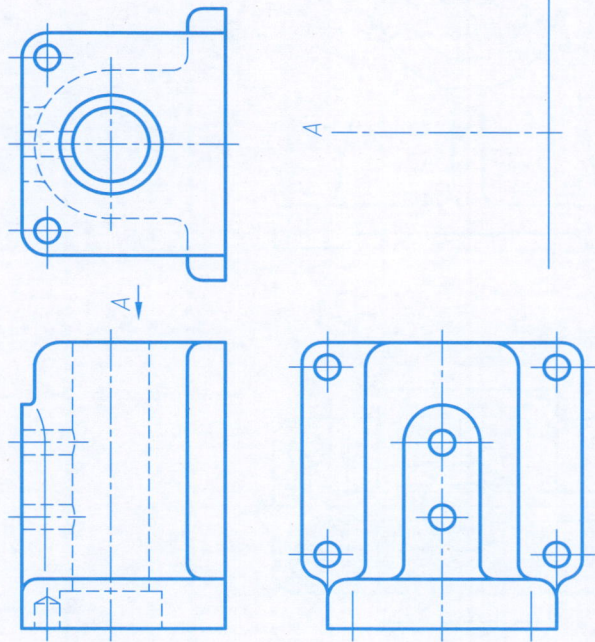

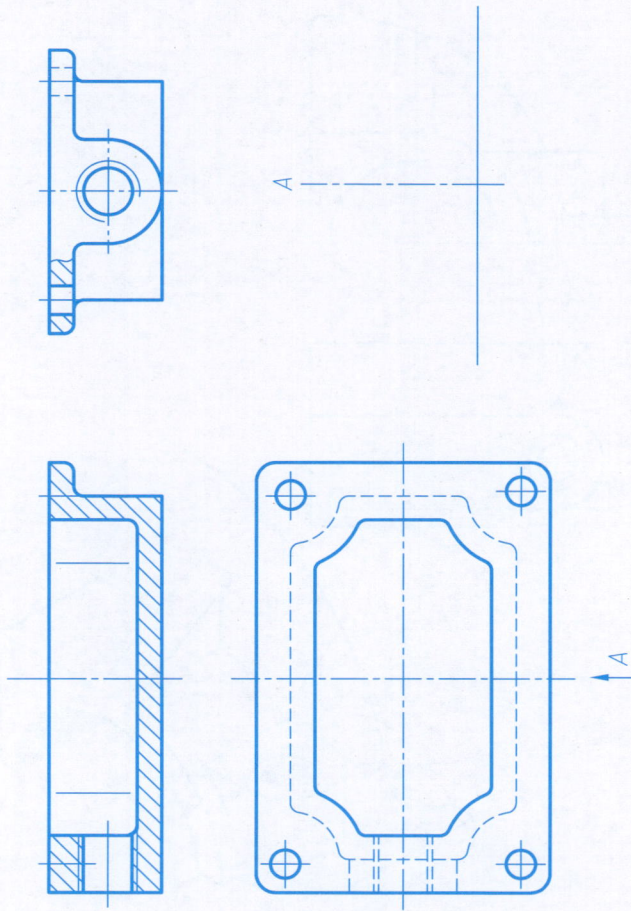

8-1 画出 A 向外形图。

(1)

(2)

8-2 补画俯视图上的过渡线，并画出左视图。

(1)

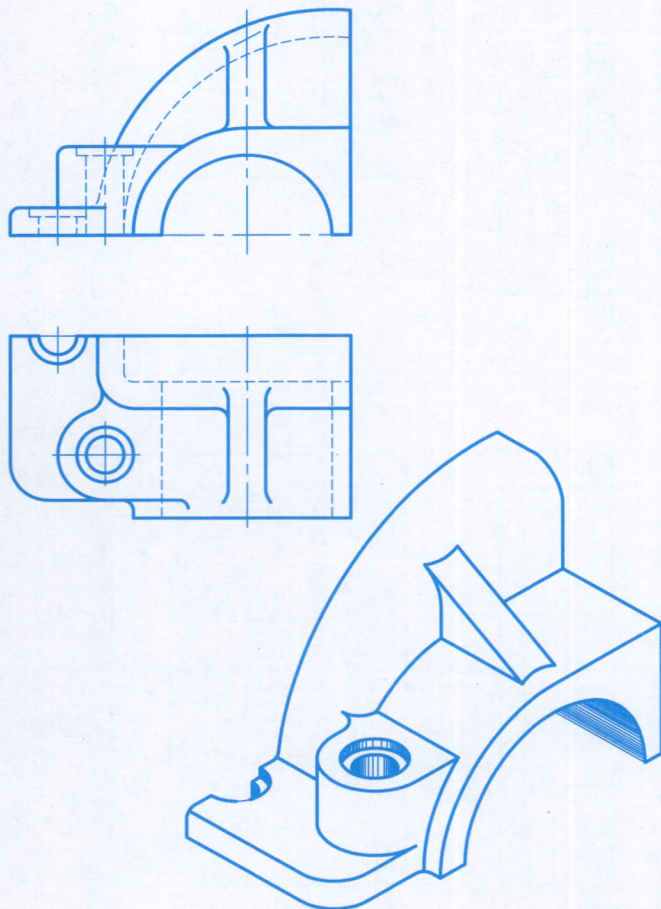

(2)

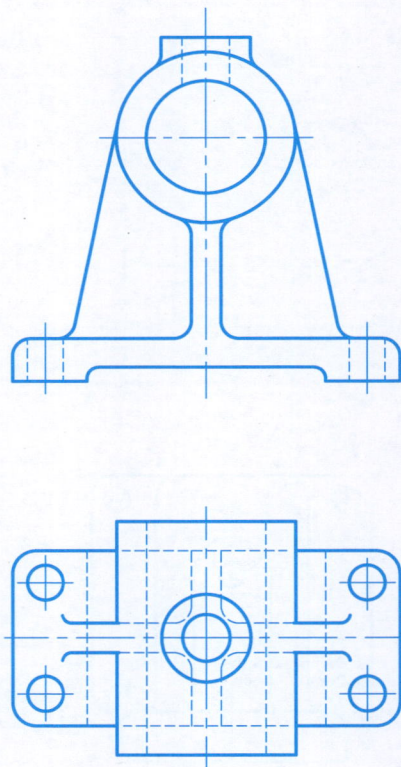

8-3　根据图中所示零件的特点，选择合适的表达方法并画出所要求的视图。

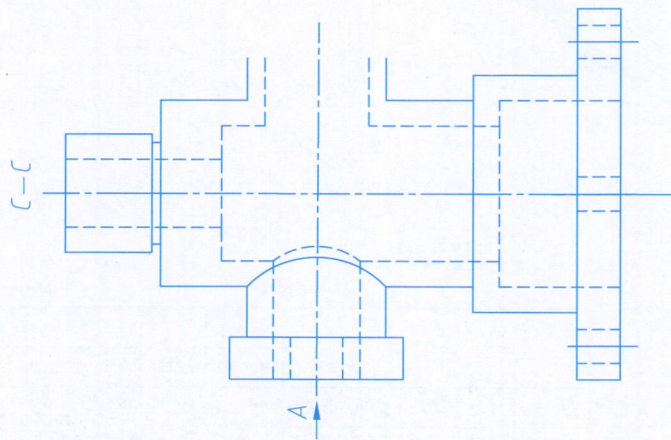

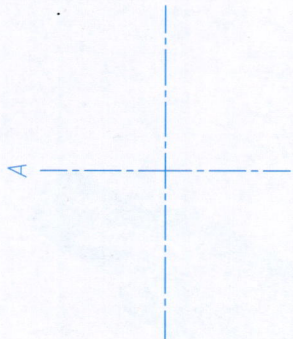

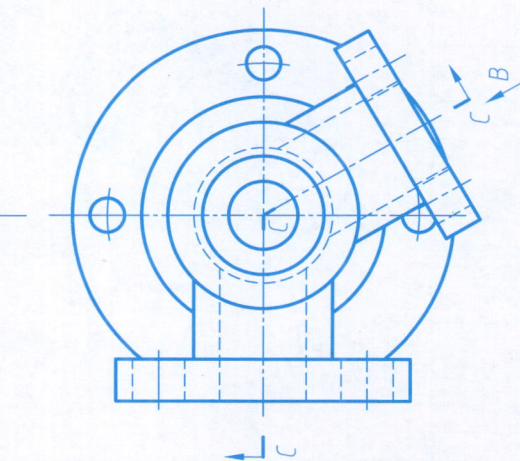

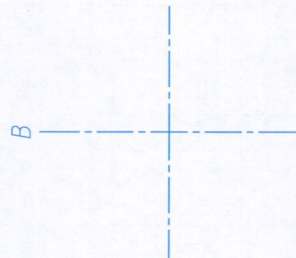

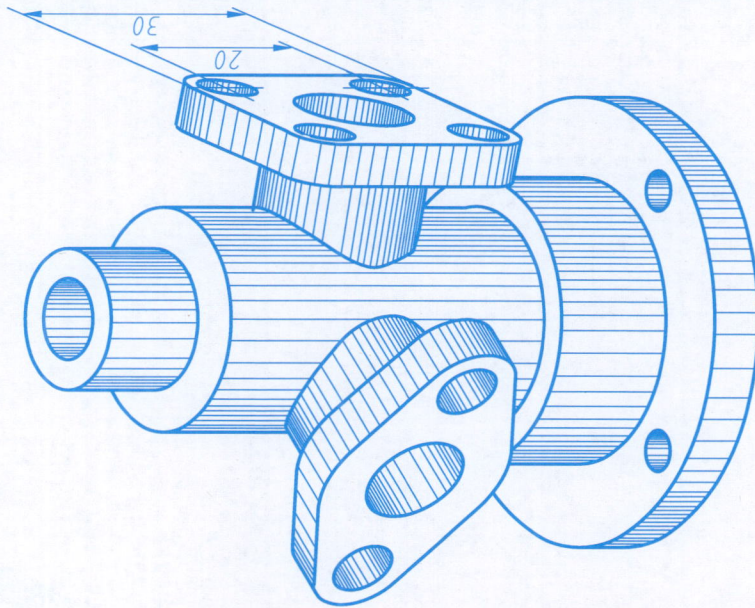

30

20

A

C—C

A

B

B

C

8-4 在 A3 图纸上画出轴的零件图，键槽和螺纹退刀槽的尺寸查表确定。

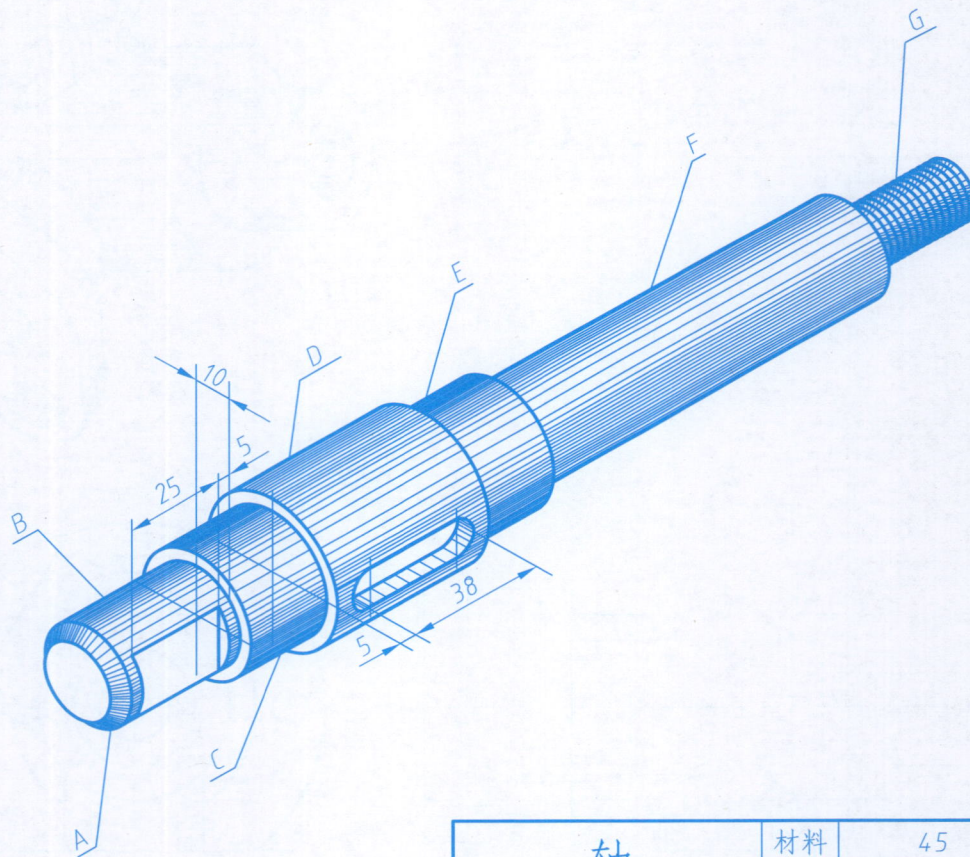

表面	尺寸	Ra/μm	
A	2×45°	12.5	
B	φ28×34	3.2	
C	φ36×25	1.6	h6
D	φ44×48	1.6	k7
E	φ36×25	1.6	h6
F	φ28×120	3.2	
G	M12长25	3.2	
其余		12.5	

	轴	材料	45	比例	1:1
		数量	1	图号	
制图		（日期）		（校名）	
审核		（日期）			

8-5　按要求抄画零件图 (在图纸上或计算机上)。

一、总体要求　　1. 视图选择合理，投影正确。

　　　　　　　　2. 线型正确，图幅及线型比例选择合理。

　　　　　　　　3. 尺寸标注正确、清晰、合理 (尺寸箭头、数字大小和位置合适)。

　　　　　　　　4. 文本标注合适。

二、各例要求　(1) 在 A3 图幅上，抄画轴的零件图 (1∶1)，在指定位置作出轴的断面图，并标注尺寸及表面粗糙度代号。

　　　　　　　(2) 在 A3 图幅上，抄画端盖的零件图，比例 1∶1。

　　　　　　　(3) 在 A3 图幅上，抄画齿轮的零件图，比例 1∶1。

　　　　　　　(4) 在 A4 图幅上，抄画拨叉的零件图，并在指定位置画出肋板的断面图，比例 1∶1。

　　　　　　　(5) 在 A4 图幅上，抄画支座的零件图，比例自定。

　　　　　　　(6) 在 A4 图幅上，抄画泵体的零件图，比例 1∶1。

8-5　按要求抄画零件图(在图纸上或计算机上)。

(1)　在A3图幅上,抄画轴的零件图(1:1),在指定位置作出轴的断面图,并标注尺寸及表面粗糙度代号。

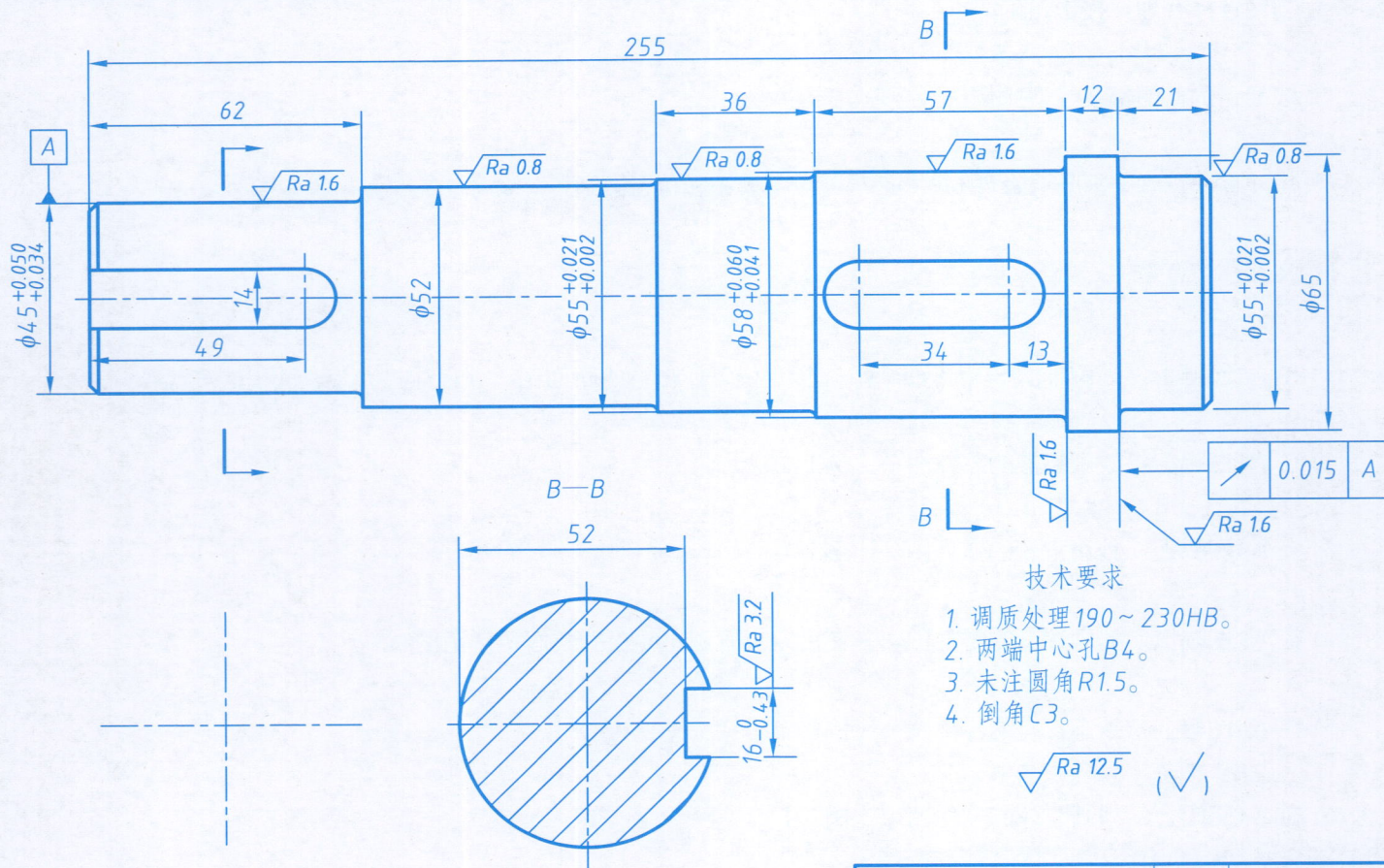

技术要求

1. 调质处理190~230HB。
2. 两端中心孔B4。
3. 未注圆角R1.5。
4. 倒角C3。

$\sqrt{Ra\ 12.5}$ $(\sqrt{\quad})$

轴	材料	45	比例	
	数量	1	图号	
制图	(日期)		（校名）	
审核	(日期)			

8-5 按要求抄画零件图(在图纸上或计算机上)。

(2) 在A3图幅上，抄画端盖的零件图，比例1∶1。

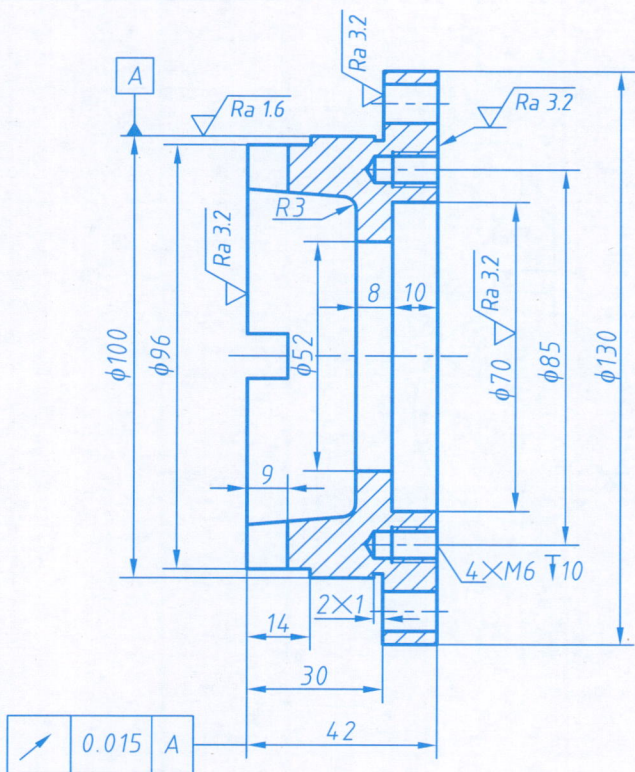

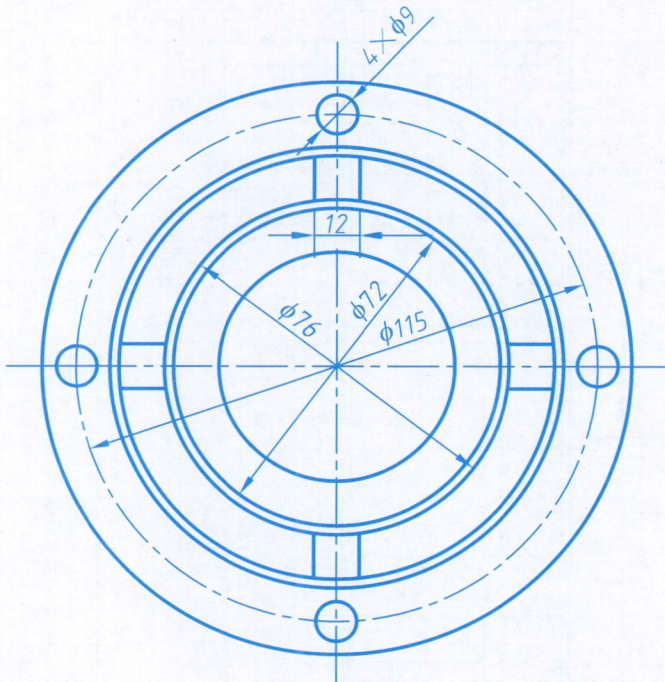

Ra 3.2

A

Ra 1.6

Ra 3.2

Ra 3.2

R3

Ra 3.2

8　10

Ra 3.2

φ100　φ96　φ52　φ70　φ85　φ130

9

4×M6 ▼10

2×1

14

30

42

0.015　A

4×φ9

12

φ76　φ72　φ115

√ Ra 12.5　　(√)

端盖	材料	45	比例	
	数量	1	图号	
制图		(日期)	(校名)	
审核		(日期)		

8-5 按要求抄画零件图 (在图纸上或计算机上)。

(3) 在A3图幅上，抄画齿轮的零件图，比例1∶1。

模数 m	3
齿数 z	80
压力角 α	20°

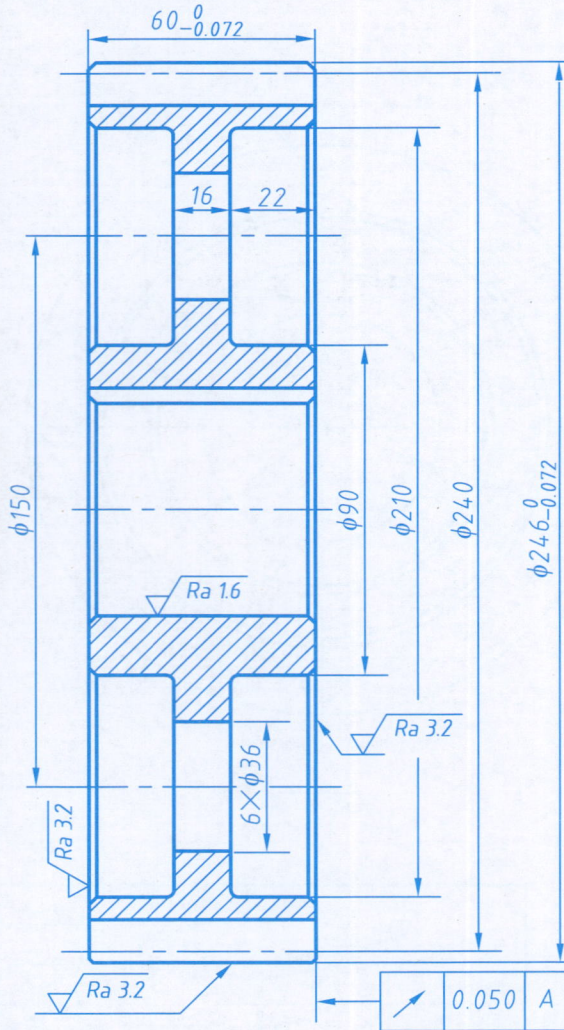

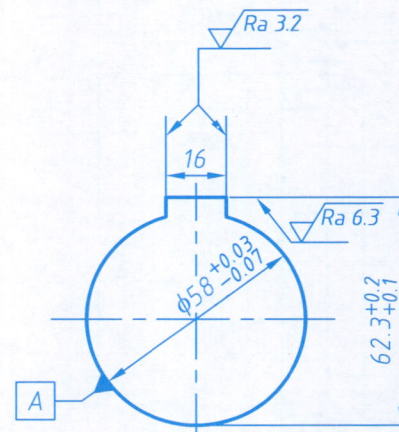

$60_{-0.072}^{\ 0}$

16　22

$\phi 150$　$\phi 90$　$\phi 210$　$\phi 240$　$\phi 246_{-0.072}^{\ 0}$

√Ra 1.6

√Ra 3.2

$6 \times \phi 36$

√Ra 3.2

√Ra 3.2

| ⟋ | 0.050 | A |

√Ra 3.2

16

√Ra 6.3

$\phi 58_{-0.07}^{+0.03}$

$62.3_{+0.1}^{+0.2}$

A

技术要求
1. 调质处理190~230HB。
2. 未注圆角R2。
3. 倒角C2。

√Ra 12.5　(√)

齿轮	材料	45	比例	
	数量	1	图号	
制图		(日期)		(校名)
审核		(日期)		

8-5　按要求抄画零件图(在图纸上或计算机上)。

(4)　在A4图幅上，抄画拨叉的零件图，并在指定位置画出肋板的断面图，比例1:1。

$14^{+0.12}_{0}$

Ra 3.2

26

21

6

$\phi 16^{+0.02}_{0}$　$\phi 32$

Ra 1.6

Ra 3.2

6　12

36

Ra 6.3

22

$30°$

32

Ra 6.3

90

A —　32　— A

6

$5^{+0.06}_{+0.02}$　Ra 3.2

18.3

Ra 6.3

8

Ra 1.6

$\phi 3$销孔朽作

Ra 1.6

$\phi 14$　$\phi 7$

3

8

20

技术要求
1. 未注铸造圆角R3。
2. 未注倒角C1。

$\sqrt{}$　$(\sqrt{})$

拨叉	材料	45	比例	
	数量	1	图号	
制图		(日期)	(校名)	
审核		(日期)		

8-5　按要求抄画零件图(在图纸上或计算机上)。

(5)　在A4图幅上,抄画支座的零件图,比例自定。

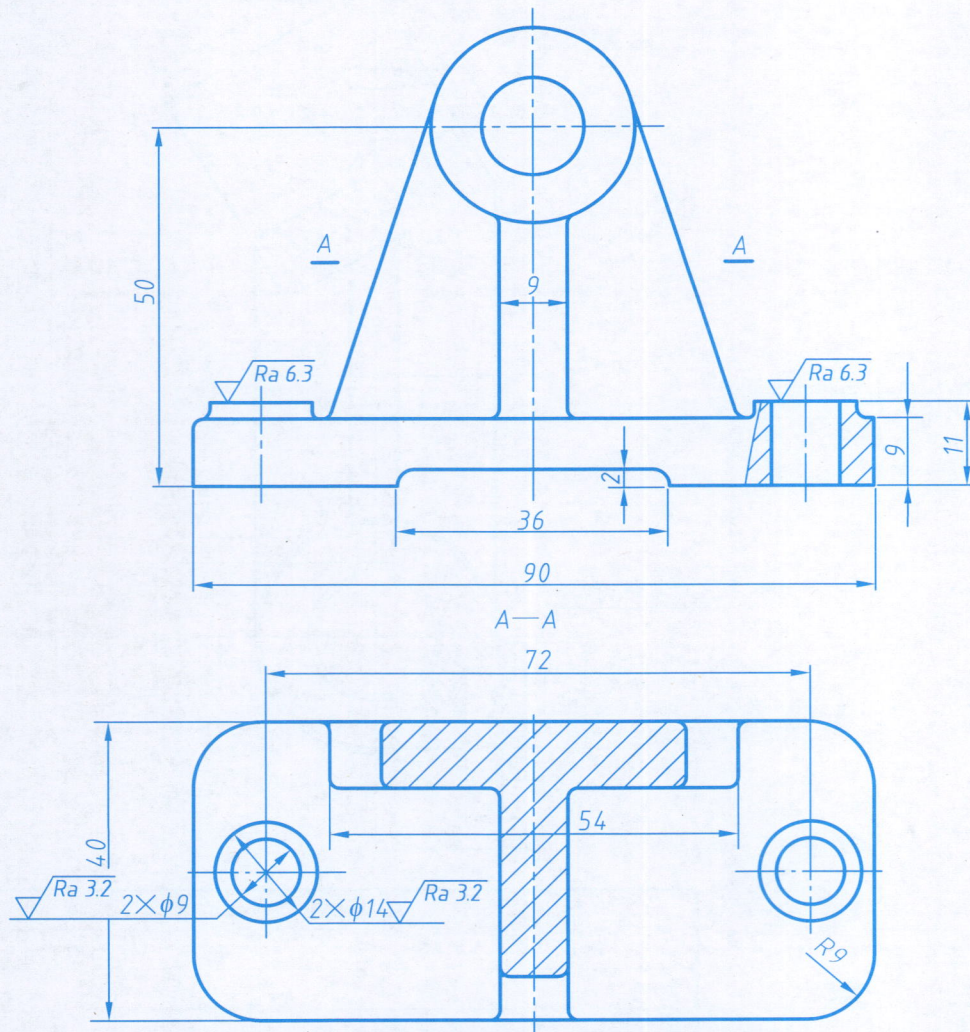

技术要求
铸造圆角R2。

支座	材料	HT150	比例	
	数量	1	图号	
制图		(日期)		(校名)
审核		(日期)		

8-5　按要求抄画零件图(在图纸上或计算机上)。

(6)　在A4图幅上，抄画泵体的零件图，比例1:1。

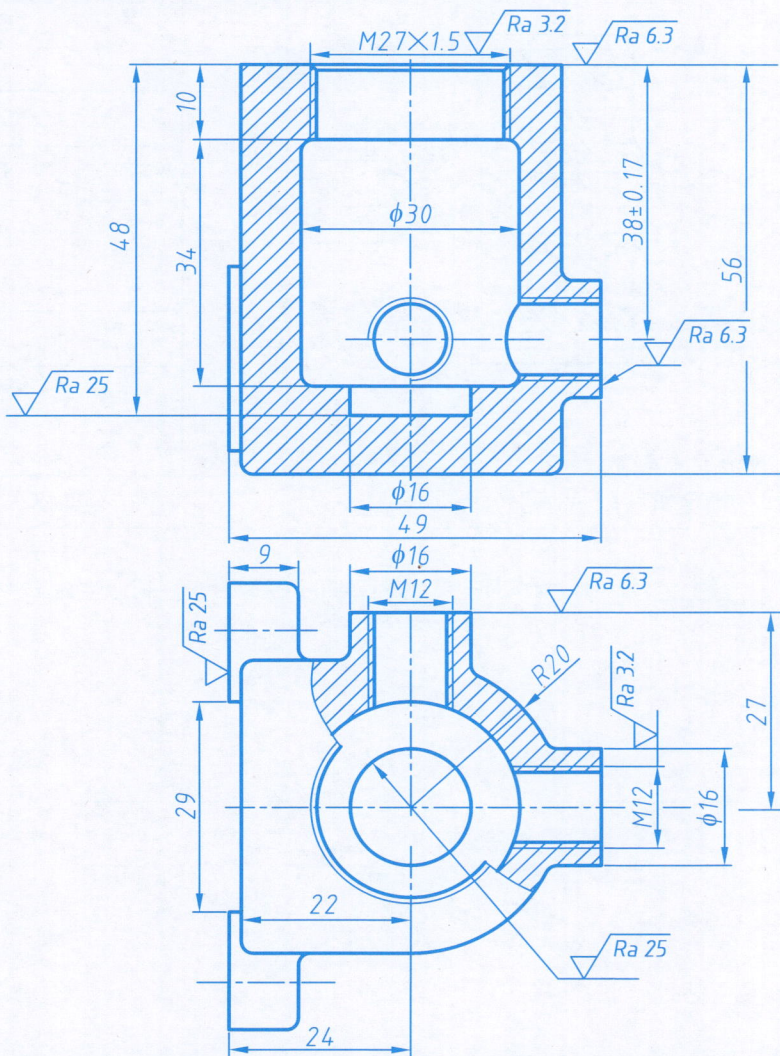

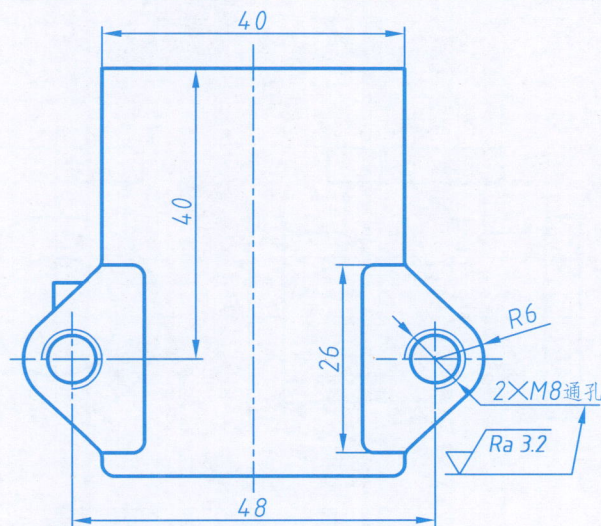

M27×1.5　√Ra 3.2　√Ra 6.3

10

48

34

φ30

38±0.17

56

√Ra 6.3

√Ra 25

φ16

49

9

φ16

M12

√Ra 6.3

R20

√Ra 3.2

27

29

M12

φ16

√Ra 25

22

24

√Ra 25

40

40

26

R6

2×M8通孔

√Ra 3.2

48

技术要求

1. 未注铸造圆角R2。
2. 未注倒角C1。

√ (√)

泵体	材料	HT100	比例	
	数量	1	图号	
制图		(日期)	(校名)	
审核		(日期)		

8-6 标注表面粗糙度（平面的 $Ra=6.3\mu m$，圆柱面为铸造表面）。

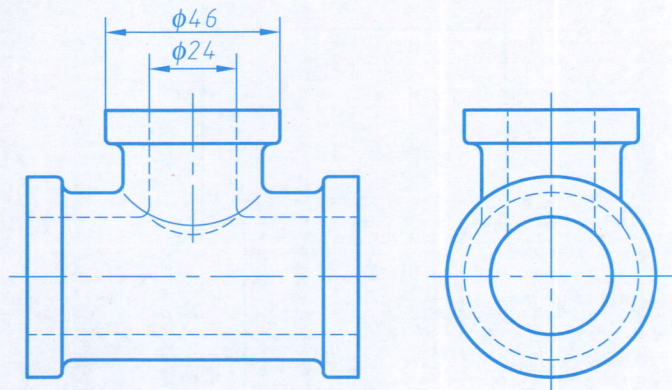

8-7 按照表格中的数值标注齿轮的表面粗糙度。

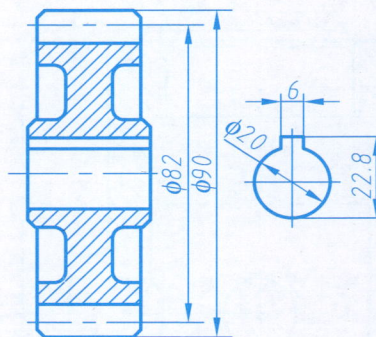

$\phi46$
$\phi24$

6
$\phi20$
$\phi82$
$\phi90$
22.8

加工表面	$Ra/\mu m$
齿顶柱面	3.2
齿面	6.3
端面	6.3
键槽	3.2
孔	1.6
其余	12.5

8-8 根据装配图中所注配合代号，识别滚动轴承内、外圈的配合，并在指定零线附近画出公差带图。

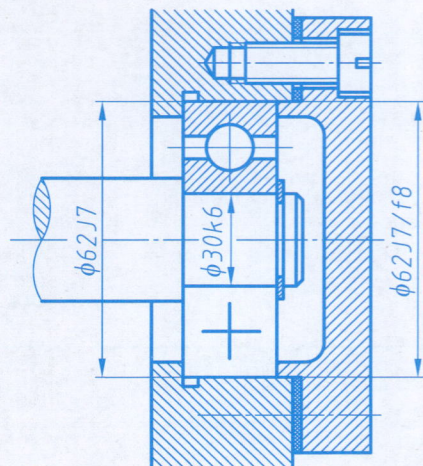

$\phi62J7$
$\phi30k6$
$\phi62J7/f8$

滚动轴承外圈与孔的配合是＿＿制＿＿配合；滚动轴承内圈与轴的配合是＿＿制＿＿配合。

0 + −
$\phi30$

0 + −
$\phi62$

8-9　根据装配图上的尺寸标注，分别在零件图上注出相应的公称尺寸和极限偏差，并解释配合代号的意义。

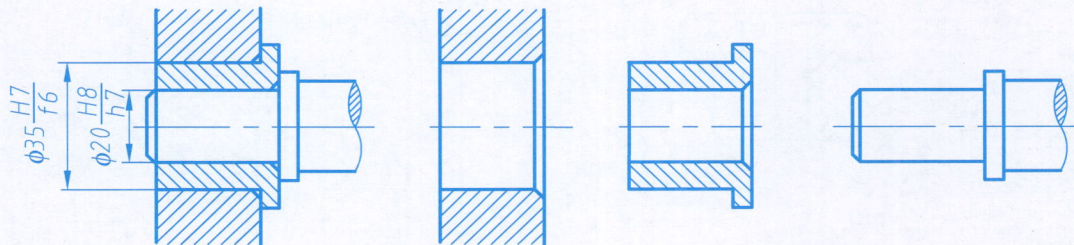

$\phi35\dfrac{H7}{f6}$ _____

$\phi20\dfrac{H8}{h7}$ _____

8-10　已知轴与孔的公称尺寸为 $\phi35$，采用基轴制，轴的公差等级为 IT6，孔的公差等级为 IT7，偏差代号为 N。要求在零件图上注出公称尺寸和极限偏差，在装配图上注出公称尺寸和配合代号。

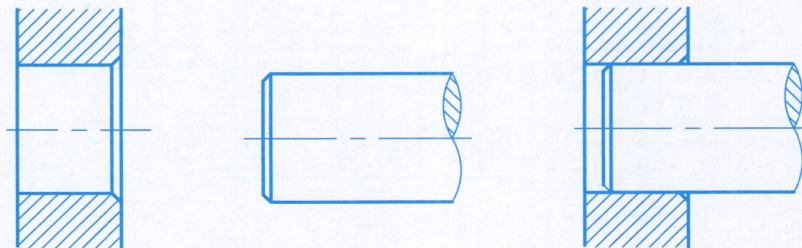

8-11　根据配合代号，在零件图上标出轴和孔的偏差值，在下方画出公差带示意图，并指出是何类配合。

$\phi30H7/h6$

8-12　将文字说明的含义用形位公差代号标注在图上。

(1) $\phi40g6$ 的轴线对 $\phi20H7$ 轴线的同轴度公差为 $\phi0.05$ 。

(2) 右端面对 $\phi20H7$ 的轴线的垂直度公差为 0.15 。

(3) $\phi40g6$ 的圆柱度公差为 0.03 。

$\phi40g6$　　$\phi20H7$

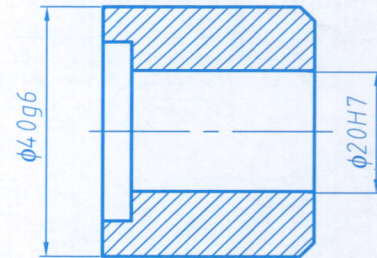

8-13　说明图中标注的形位公差框格的含义。

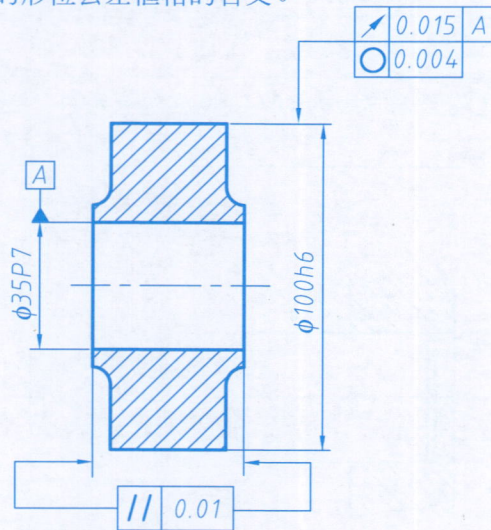

| ↗ | 0.015 | A |
| ○ | 0.004 | |

A

$\phi35P7$　$\phi100h6$

| // | 0.01 |

8-14 读底座零件图，在指定位置画出左视图外形图。

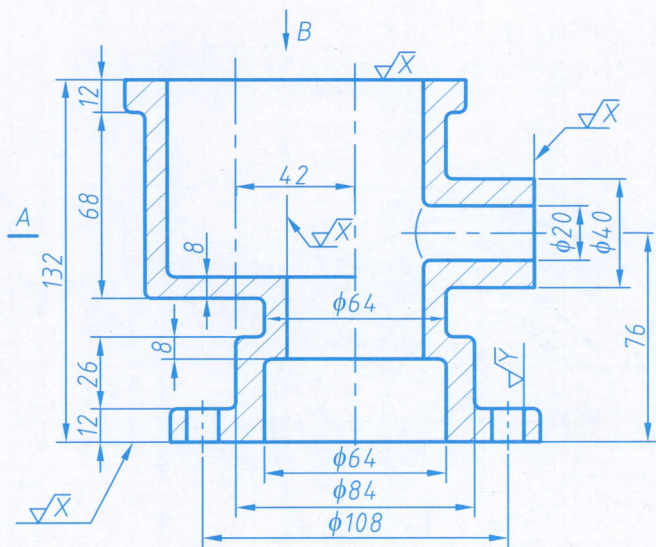

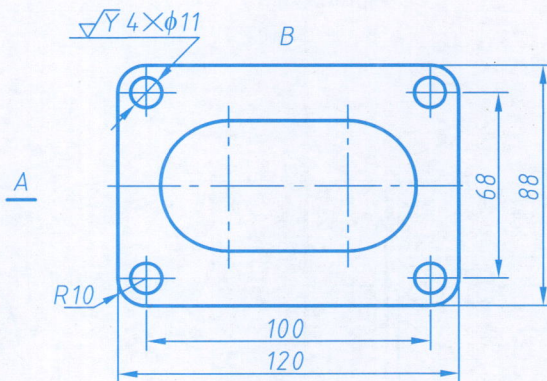

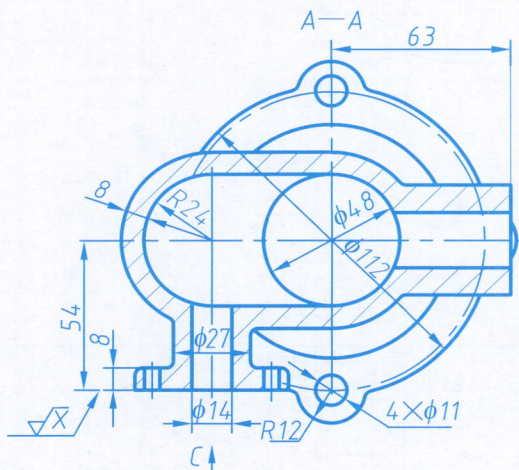

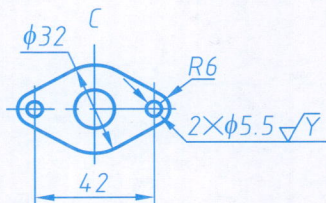

左视图外形图

技术要求

1. 未注圆角R3。
2. 铸件不能有气孔、裂纹等缺陷。

$\sqrt{X} = \sqrt{Ra\ 6.3}$

$\sqrt{Y} = \sqrt{Ra\ 12.5}$

$\sqrt{}\ (\sqrt{})$

底座	材料	HT150	比例	
	数量	1	图号	
制图		（日期）	（校名）	
审核		（日期）		

8-15 读端盖零件图，并作下列各题。

(1) 画A—A剖视(对称机件剖视图画一半)。

(2) 表面 I 的粗糙度代号为_____，表面 II 粗糙度代号为_____，表面 III 粗糙度代号为_____。

(3) 尺寸φ70d11，其公称尺寸为_____，基本偏差代号为_____，标准公差等级为_____。

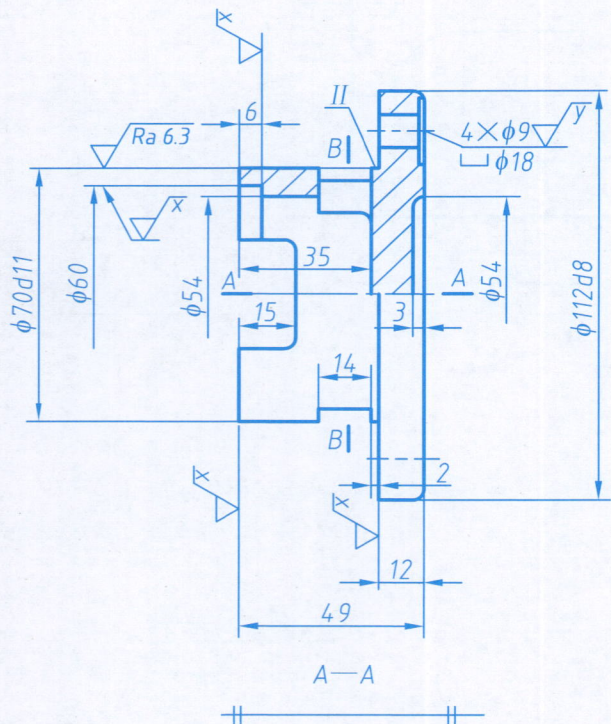

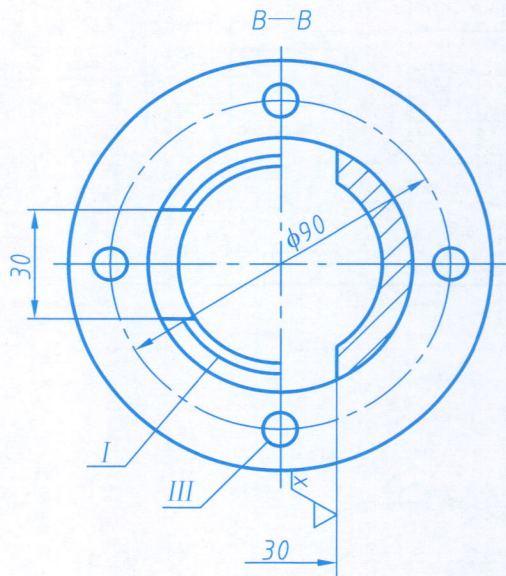

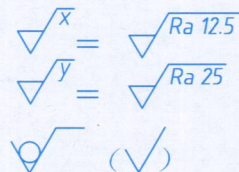

铸造圆角R3。

A—A

B—B

端盖	材料	HT150	比例	1:2
	数量	1	图号	
制图		(日期)		
审核		(日期)	(校名)	

8-16 抄画支架零件图，在图上标明长、宽、高3个方向的主要尺寸基准，并完成填空题。

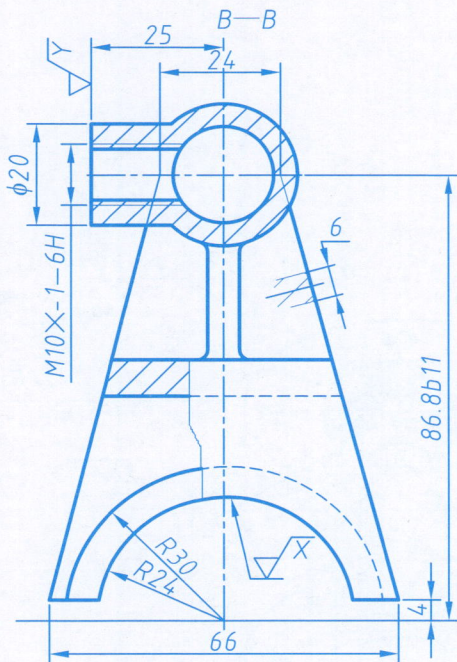

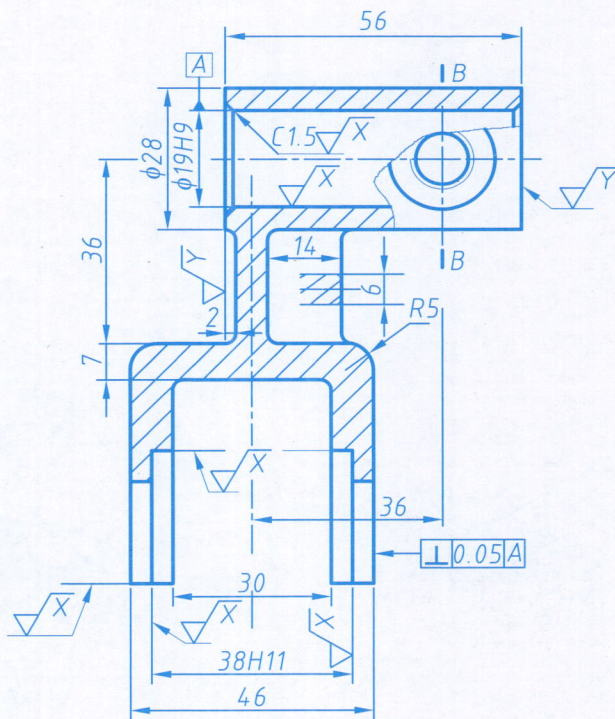

技术要求

1. 未注圆角 R3～R5。
2. 铸件不得有气孔、沙眼等缺陷。
3. 铸件应退火处理。

$\sqrt{X} = \sqrt{Ra\ 6.3}$

$\sqrt{Y} = \sqrt{Ra\ 12.5}$

$\sqrt{\ }\ (\ \sqrt{\ }\ )$

填空题：

(1) 38H11表示公称尺寸是_____，公差代号_____，公差等级_____，基本偏差代号是_____，上偏差是_____，下偏差是_____。

(2) M10×1-6H是_____螺纹，螺距是_____，6H是_____的公差代号。

支架	材料	HT100	比例	
	数量	1	图号	
制图		（日期）		（校名）
审核		（日期）		

8-17 根据给出的立体图，画出零件图，并标注尺寸及技术要求。

(1)

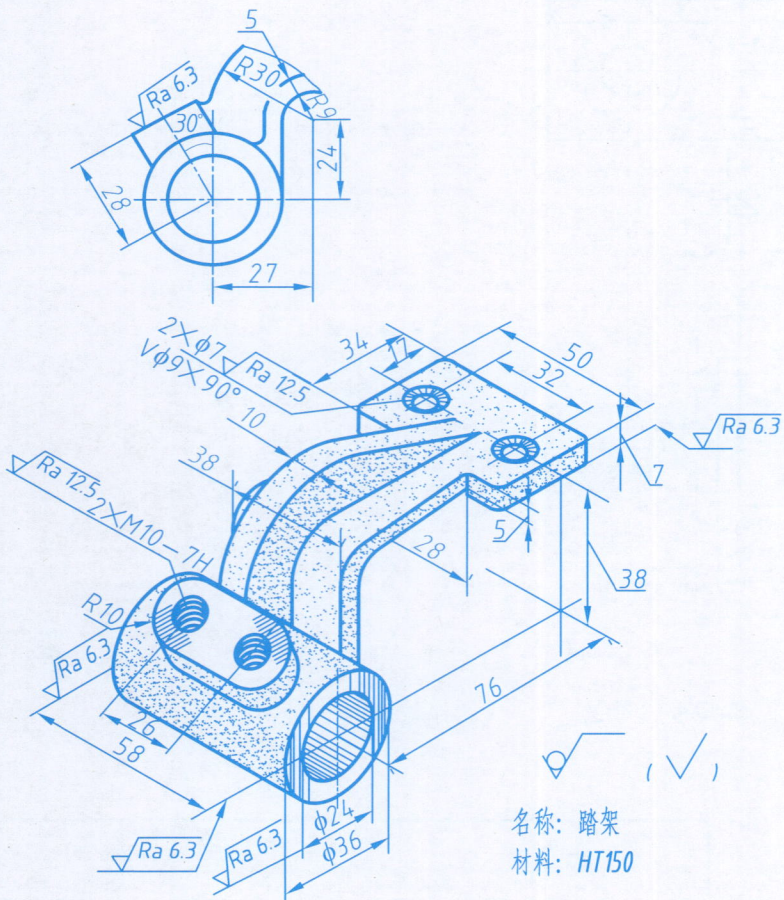

名称: 踏架
材料: HT150

(2)

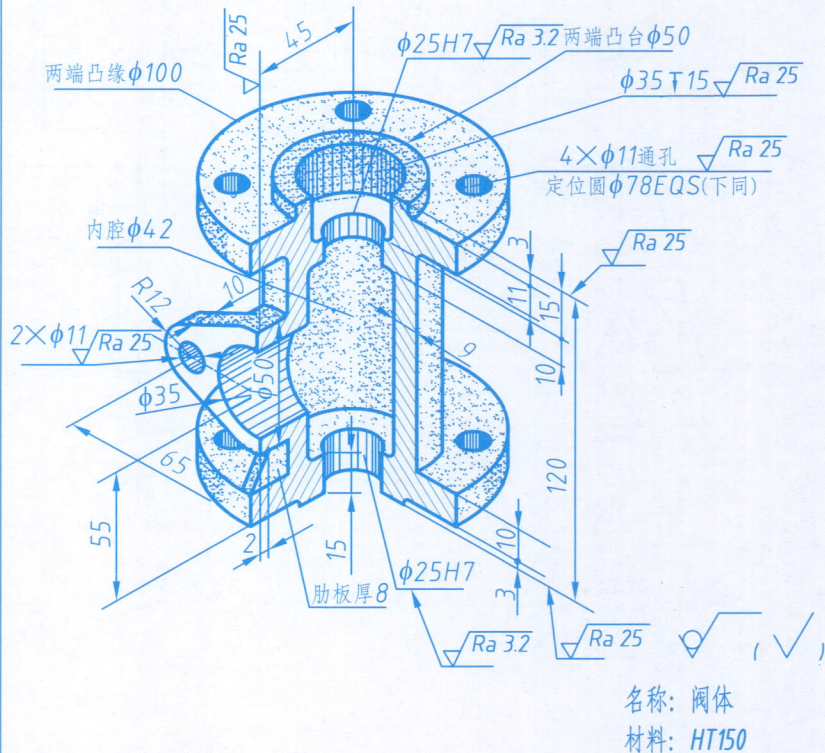

两端凸缘φ100
φ25H7　Ra 3.2 两端凸台φ50
φ35▽15　Ra 25
4×φ11通孔　Ra 25
定位圆φ78EQS(下同)
内腔φ42
Ra 25
R12
2×φ11　Ra 25
φ35
φ50
65
Ra 25
55
2
15
肋板厚8
φ25H7
Ra 3.2　Ra 25
45
Ra 25
3
11
15
10
9
120
10
3
120

名称: 阀体
材料: HT150

8-18 看懂零件图，想象该零件的结构形状，完成填空题。

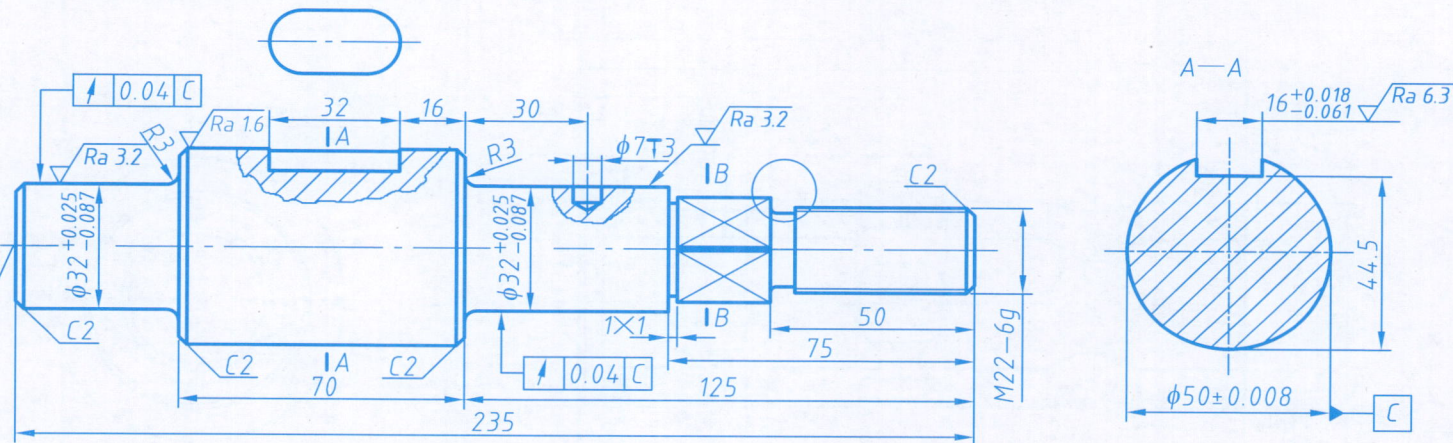

A—A

$\phi 50 \pm 0.008$

B—B
2:1

$\sqrt{Ra\ 6.3}$

22×22

$\phi 27$

2.5:1

R0.5

45°

R3

$\phi 18.4$

6

$\sqrt{Ra\ 6.3}$

$\sqrt{Ra\ 12.5}$ ($\sqrt{\ }$)

技术要求
1. 除螺纹表面外其他部位表面均为45～50HRC。
2. 表面处理：发蓝。

A3×15
GB/T 145—2001

填空题：

(1) 该零件图采用的表达方法有＿＿＿＿＿＿＿＿＿＿＿＿＿。

(2) 靠右侧的两处斜交细实线是＿＿＿＿＿＿＿＿＿＿符号。

(3) 键槽的定位尺寸是＿＿＿＿；长度＿＿＿＿；宽度＿＿＿＿；
　　深度＿＿＿＿。

(4) 尺寸C2中C表示＿＿＿＿；2表示＿＿＿＿；22×22中22表示
　　＿＿＿＿；$\phi 7 \mathsf{T} 3$中的$\phi 7$表示＿＿＿＿；$\mathsf{T} 3$表示＿＿＿＿。

(5) M22—6g中，M22表示＿＿＿＿；6g表示＿＿＿＿。

(6) | / | 0.04 | C | 表示＿＿＿对＿＿＿的＿＿＿公差为＿＿＿。

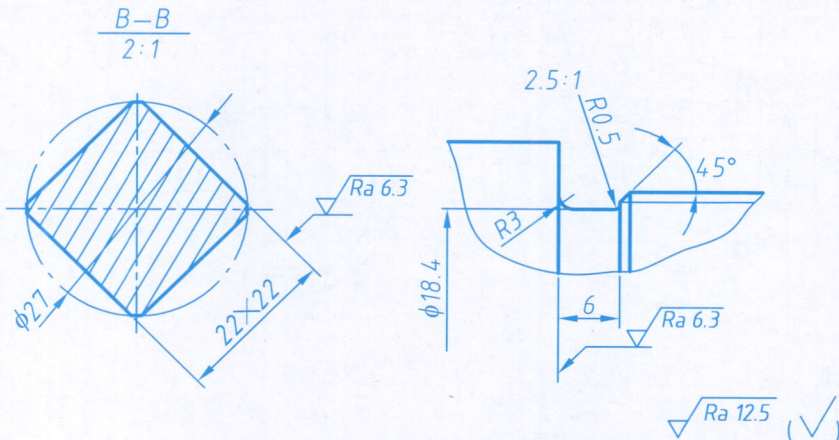

主轴	材料	45	比例	
	数量	1	图号	
制图	（日期）		（校名）	
审核	（日期）			

8-19 看懂所示套筒零件的结构形状，完成填空题并画出E—E断面图。

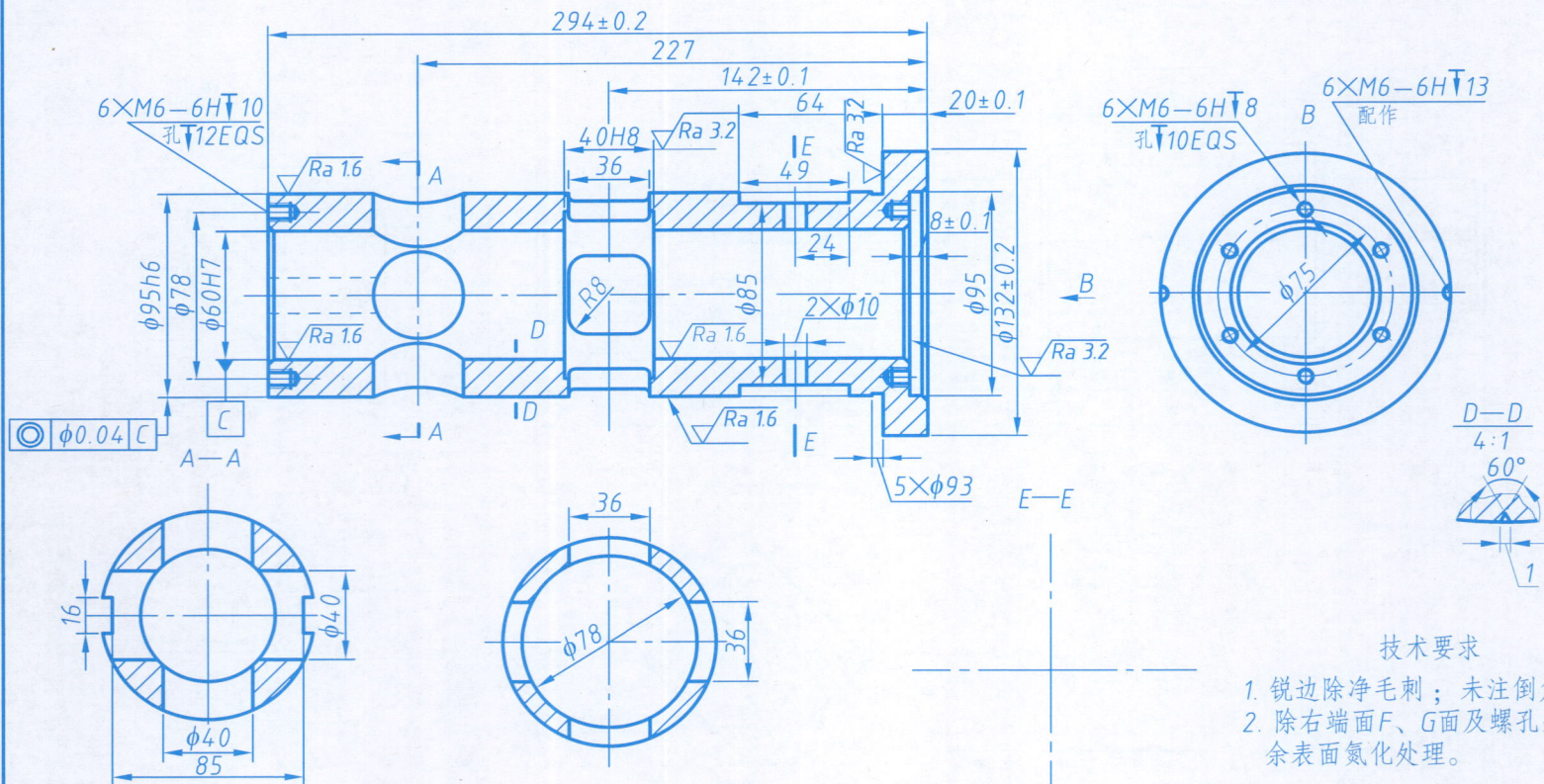

技术要求

1. 锐边除净毛刺；未注倒角C2.5。
2. 除右端面F、G面及螺孔外、其余表面氮化处理。

$\sqrt{Ra\ 6.3}$ 　($\sqrt{}$)

填空题：
(1) 该零件采用了_____个基本视图，主视图是_____剖视图；图中A—A是_____图，其右边的图形是_____图。
(2) 表示A—A剖视图投射方向的箭头是_____省略的，因为_____。
(3) 零件上长度方向尺寸的主要基准在_____；φ95h6的最大极限尺寸是_____；φ60H7的最小极限尺寸是_____。
(4) B视图是_____视图；图形D—D是_____。

套筒	材料	45	比例	
	数量	1	图号	
制图	（日期）	（校名）		
审核	（日期）			

8-20 读零件图，并回答问题。

(1)

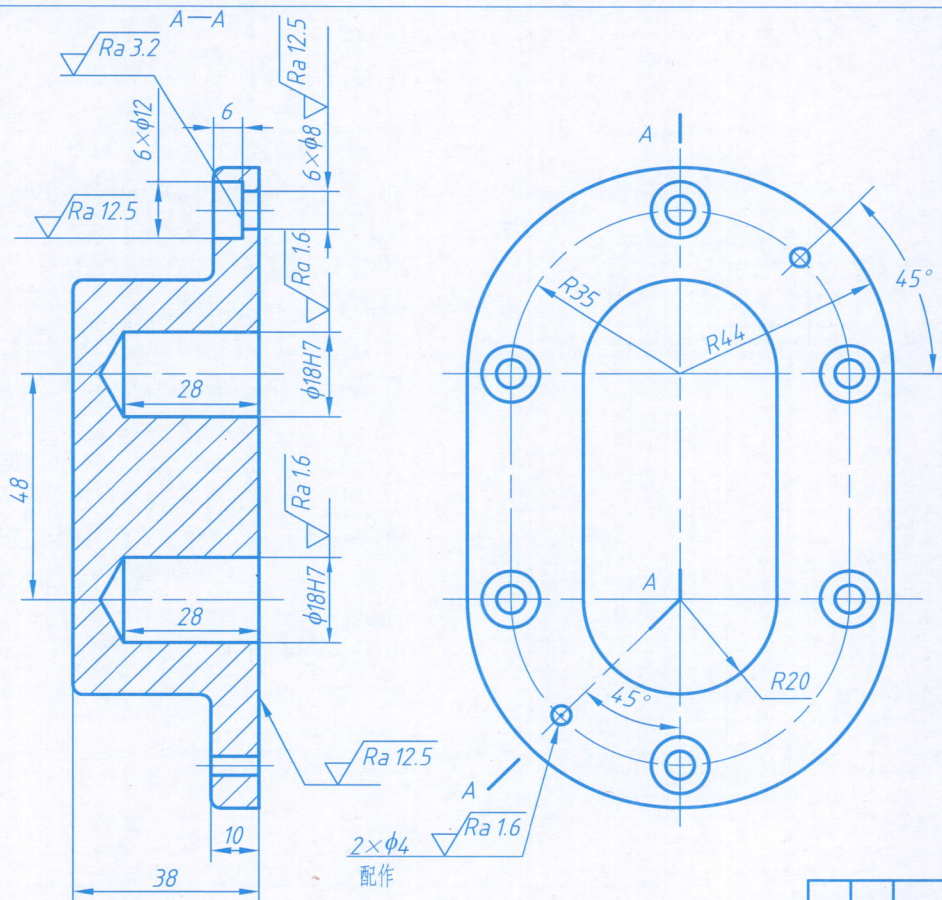

A—A

技术要求
1. 铸件去毛刺、尖角。
2. 非加工表面涂漆。
3. 未注圆角R2～R3。

填空题：

① 本零件用了___个视图表达，它们是___和___，其中主视图是____剖视图，剖切方法是_____。

② 零件上的尺寸2×φ4的含义是_____，该孔的作用是_____，目的是_____，孔的定位尺寸是_____。

③ 在所有加工表面中，其表面粗糙度最高和最低的分别为_____。

④ 在图上注出零件长、宽和高的主要尺寸基准。

⑤ 图中尺寸φ18H7，其中φ18叫作_____尺寸，H7叫作_____代号，其中H叫作_____，7是_____，该孔叫作___，孔的上偏差为___，下偏差为_____。

⑥ 零件的名称是_____，所用的材料是_____，其中字母的含义是_____。

⑦ 图中右下角注有 ⊘(√)，其含义是_____。

⑧ 技术要求中第3条中所指的圆角是_____圆角。

标记	处数	分区	更改文件号	签名	年,月,日		HT200		(单位名称)
设计	(签名)	(年月日)	标准化	(签名)	(年月日)	阶段标记	质量	比例	泵盖
审核									(图样代号)
工艺			批准			共 张 第 张			

8-20 读零件图，并回答问题。

(2)

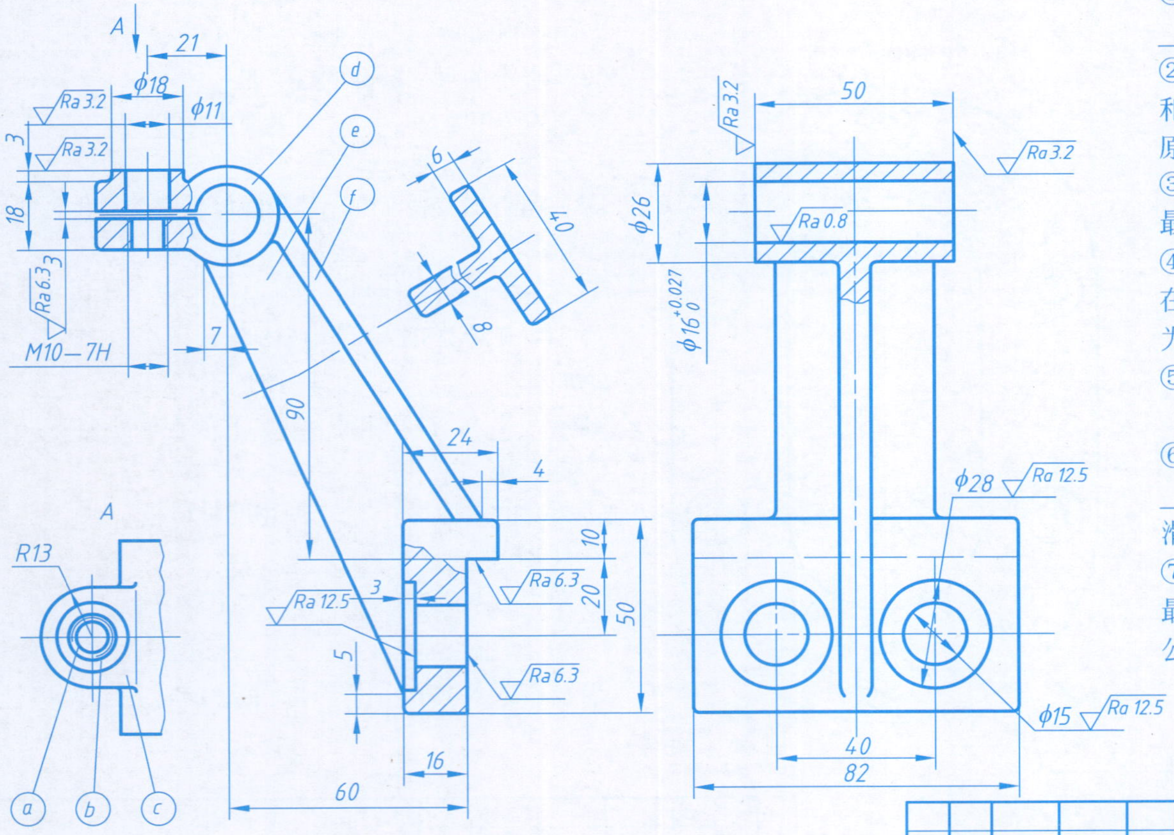

技术要求
未注铸造圆角R2~R3。

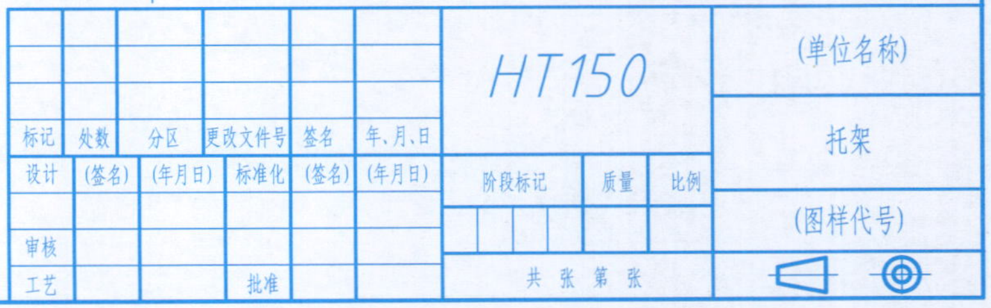

HT150

托架

填空题：
① 表达该零件用的基本视图是_____，
_____；这两个视图均是_____剖视图。
② 表达零件用的辅助视图有_____视图
和 _____断面，该断面采用了断开画法，
原因是_____。
③ 比较 ⓐⓑⓒ 3个面的位置，____面
最高，_____面最低。
④ 比较 ⓓⓔⓕ 3个面的位置，____面
在前，____面在后；ⓔ 所指肋板的厚度
为_____。
⑤ 在图中注出零件沿长、宽、高方向的
主要尺寸基准。
⑥ ⓐⓑⓒ 3个面的表面粗糙度分别是
_____，在这3个面中，最光
滑的是_____。
⑦ $\phi16^{+0.027}_{0}$ 孔的最大极限尺寸是____，
最小极限尺寸是____，基本偏差是____，
公差是_____。

标记	处数	分区	更改文件号	签名	年、月、日			(单位名称)
设计	(签名)	(年月日)	标准化	(签名)	(年月日)	阶段标记	质量	比例
审核								(图样代号)
工艺			批准			共 张 第 张		

8-20 读零件图,并回答问题。

(3)

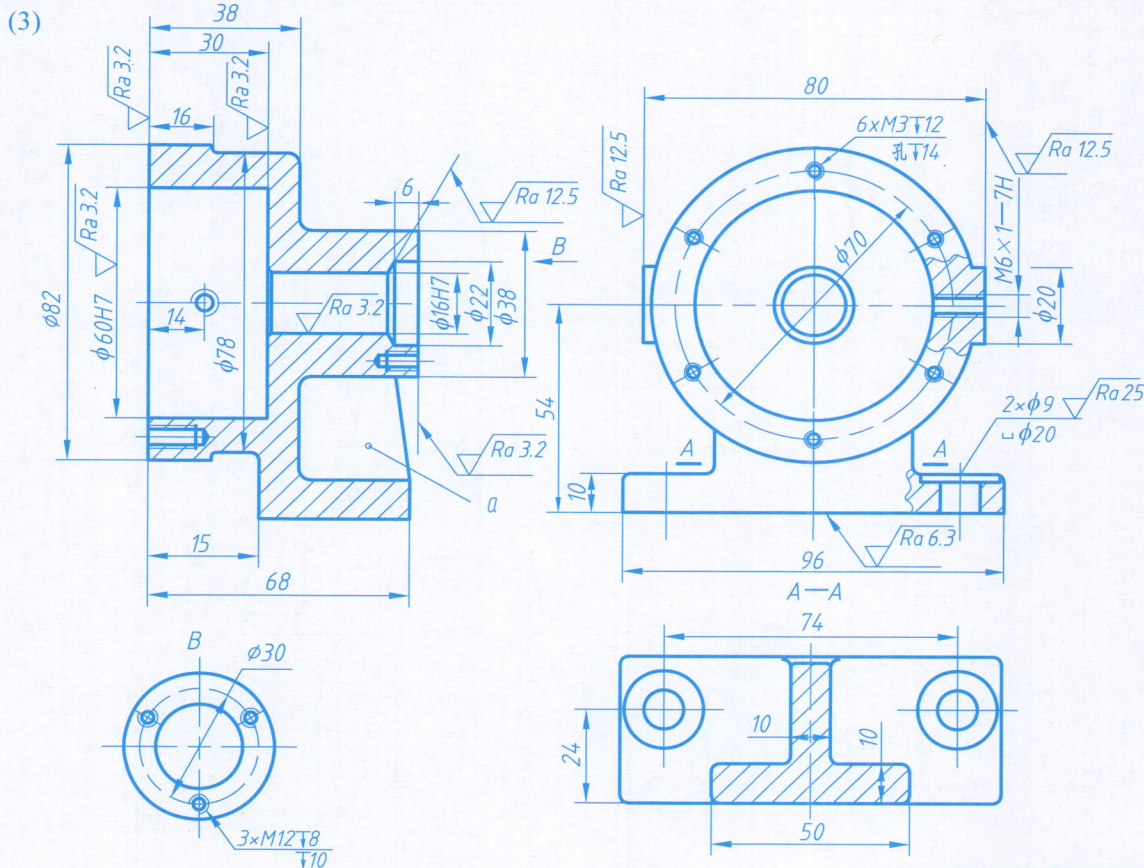

技术要求
1. 未注铸造圆角R2~R3。
2. 未注倒角C1。

填空题:

① 本零件用了____个基本视图,____个辅助视图表达,其中主视图是____剖视,左视图是_____剖视,辅助视图分别是_____。

② 解释尺寸6×M3▽12的含义:_____。

③ 图中标记a的结构叫作_____,其作用是_____。

④ 零件的总长、总宽和总高分别为___。

⑤ 在图中注出零件沿长、宽、高方向的主要尺寸基准。

⑥ 图中尺寸φ60H7的φ60是_____尺寸,H7是___代号,尺寸的上偏差为___,下偏差为___。

⑦ 在全部切削加工表面中,表面粗糙度最高和最低的代号分别为_____。

⑧ 零件的名称是_____,所用的材料是___,其中字母的含义是_____。

HT200

(单位名称)

泵体

(图样代号)

9-1　画千斤顶装配图。

作业说明：根据装配示意图和零件图绘制装配图，图纸幅面和
　　　　　比例自选。

工作原理说明：千斤顶是顶起重物的部件，使用时只需逆时针
　　　　　　方向转动旋转杆 3，起重螺杆 2 就向上移动，
　　　　　　并将物体顶起。

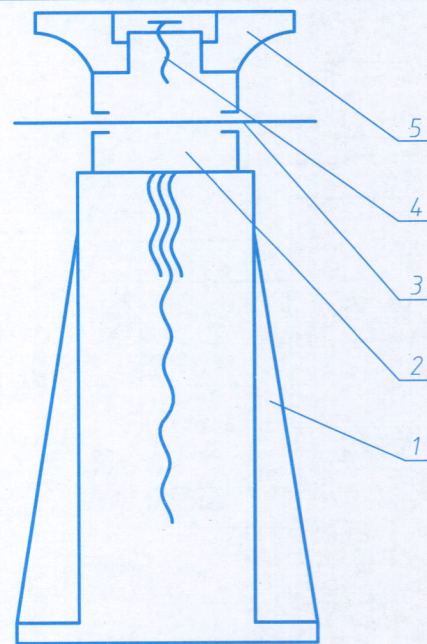

千斤顶装配示意图

5	顶盖	1	45	
4	螺钉	1	30	
3	旋转杆	1	45	
2	起重螺杆	1	45	
1	底座	1	HT300	
序号	名　称	数量	材　料	备　注

千斤顶	共　张	第　张	比例
	数　量		图号

制图		（日期）	（校名）
审核		（日期）	

9-1　画千斤顶装配图。

(1)

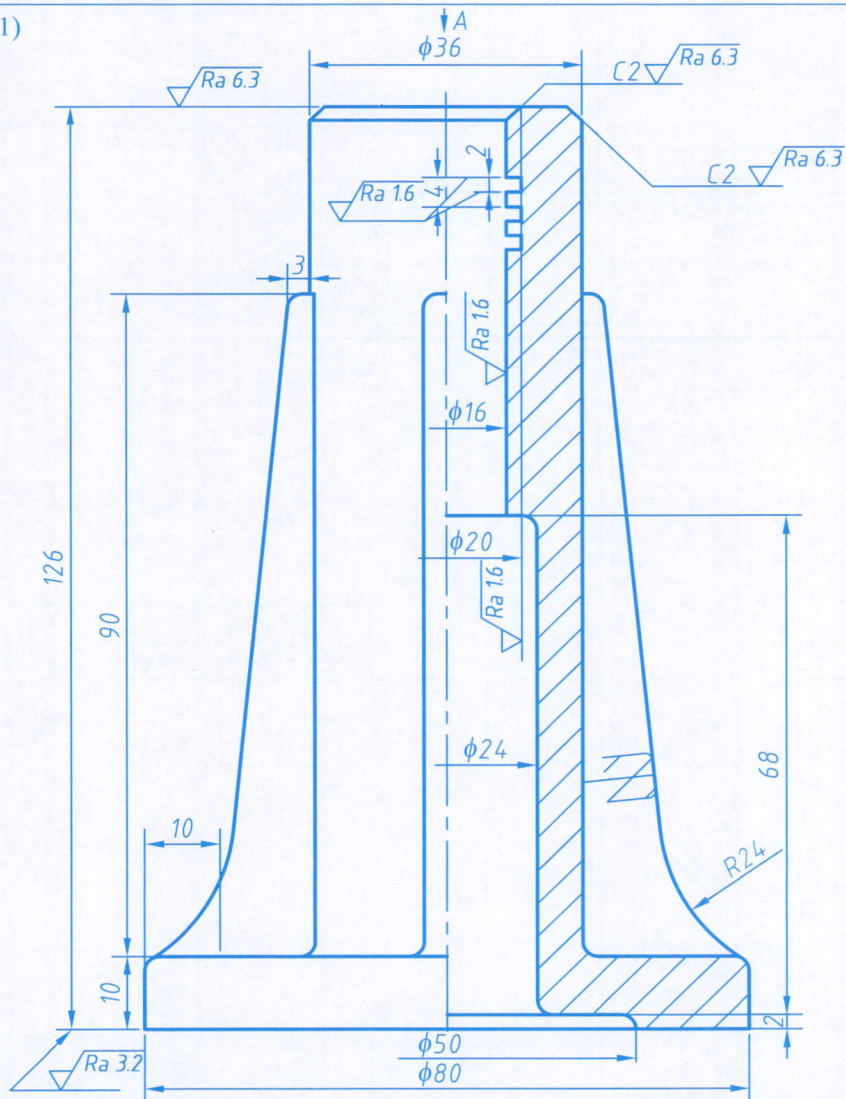

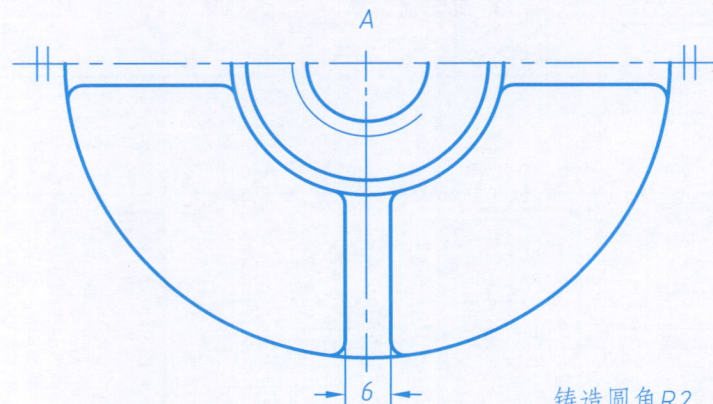

铸造圆角R2。

底座	比例	1:1	序号	1
	件数	1	材料	HT300

9-1 画千斤顶装配图。

(2)

2×φ13　R12　5×φ15

Ra 1.6　4　2

Ra 3.2 C1

φ50　φ14d9　φ11　11

C1.5　Ra 1.6

φ32　φ16　φ12　φ20

Ra 1.6

12　16　9

M8-7H▽12
孔▽15

Ra 3.2

100

144

√Ra 6.3 (√)

起重螺杆	比例	1:1	序号	2
	件数	1	材料	45

(3)

3　C0.5

φ20　2　M8-6h

5　14

螺钉	比例	1:1	序号	4
	件数	1	材料	30

9-1 画千斤顶装配图。

(4)

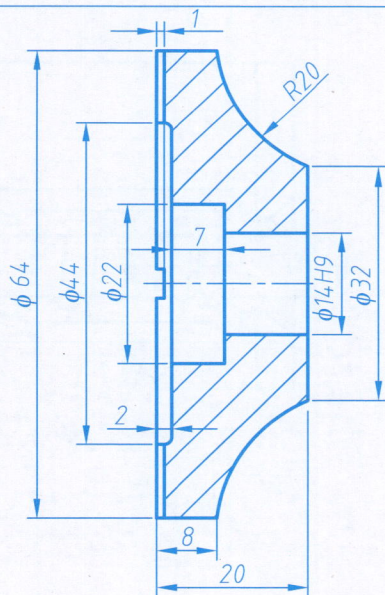

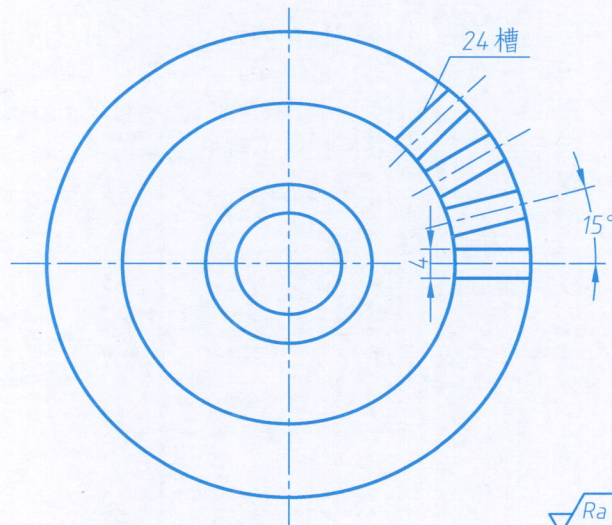

| 顶盖 | 比例 | 1:1 | 序号 | 5 |
| | 件数 | 1 | 材料 | 45 |

(5)

| 旋转杆 | 比例 | 1:1 | 序号 | 3 |
| | 件数 | 1 | 材料 | 45 |

9-2 画定位器装配图

工作原理说明：定位器安装在仪器的机箱内壁上，工作时定位轴的
　　　　　　一端插入被固定零件的孔中，当该零件需要交换位
　　　　　　置时，应拉动把手，将定位轴从该零件的孔中拉出，
　　　　　　松开把手后，压簧 4 使定位轴回复原位。

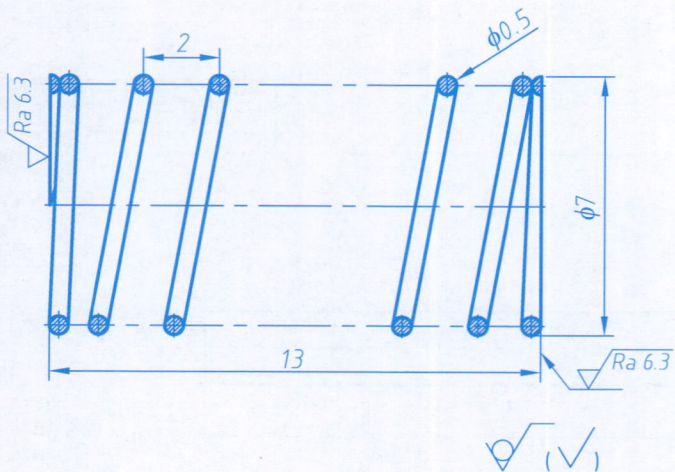

2　　　φ0.5

Ra 6.3

φ7

13

Ra 6.3

√(√)

| 压簧 | 比例 | 5:1 | 序号 | 4 |
| | 件数 | 1 | 材料 | 50 |

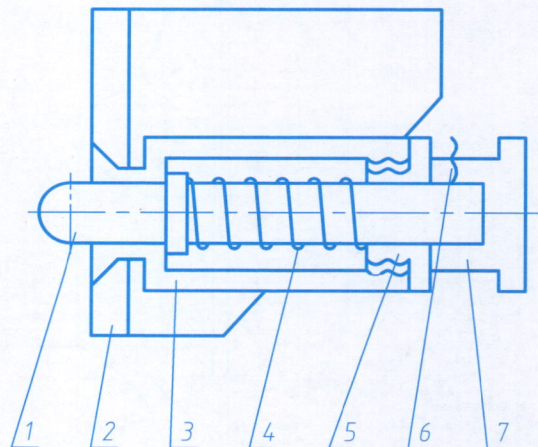

7	把手	1	塑料	
6	螺钉	1		M2.5×4
5	盖	1	45	
4	压簧	1	50	φ0.5×φ7×13
3	套筒	1	45	
2	支架	1	45	
1	定位轴	1	45	
序号	名　称	数量	材料	备　注

| 定位器 | 共　张 | 第　张 | 比例 |
| | 数量 | | 图号 |

| 制图 | | （日期） | （校名） |
| 审核 | | （日期） | |

9-2 画定位器装配图。

(1)

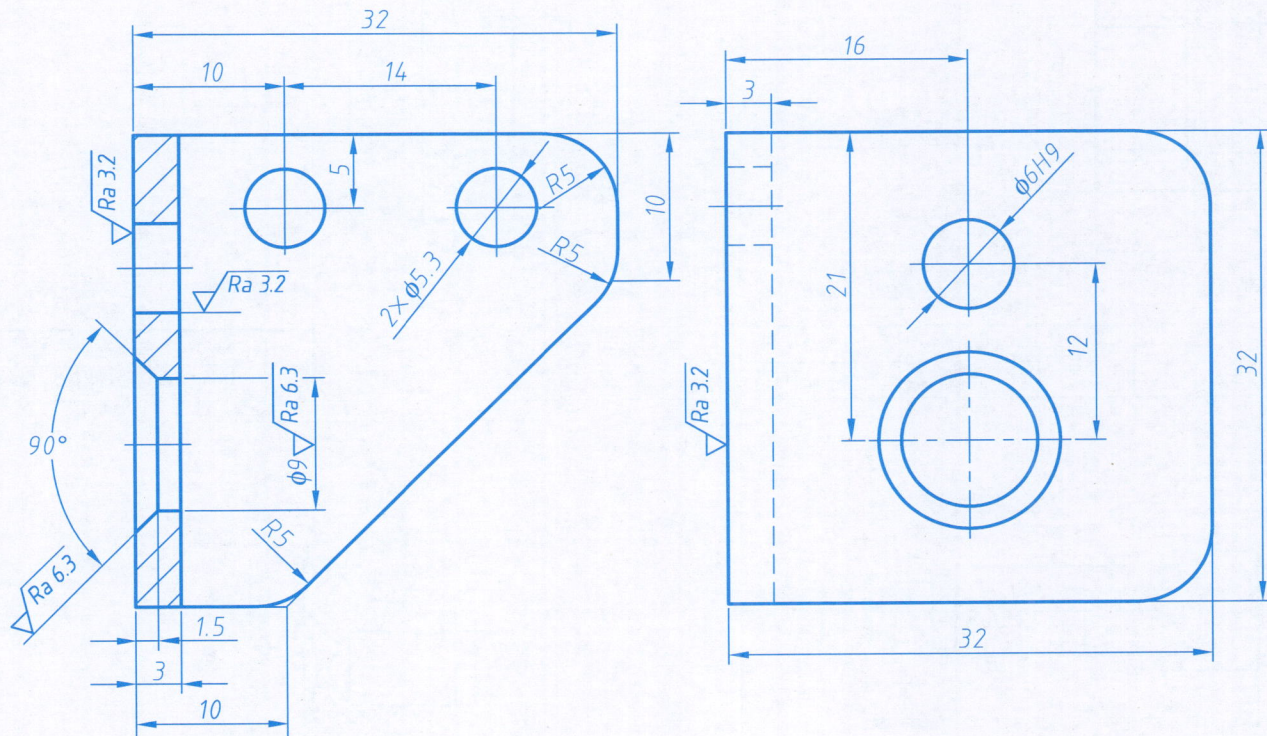

Ra 3.2

Ra 3.2

90°

Ra 6.3

$\phi 9$ Ra 6.3

$2 \times \phi 5.3$

R5

R5

R5

5

10

14

32

1.5

3

10

16

3

$\phi 6H9$

21

12

32

32

Ra 3.2

$\sqrt{}$ Ra 12.5 ($\sqrt{}$)

支架	比例	2:1	序号	2
	件数	1	材料	45

9-2 画定位器装配图。

(2)

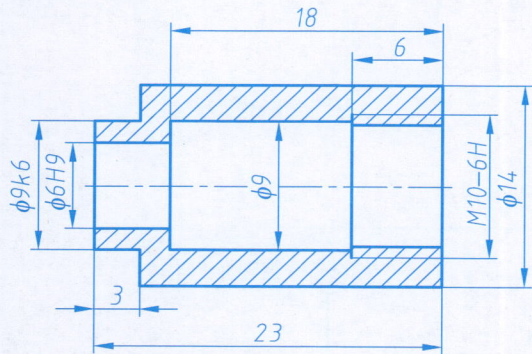

$\sqrt{Ra\,6.3}$ ($\sqrt{}$)

套筒	比例	2:1	序号	3
	件数	1	材料	45

(3)

网纹 m0.2

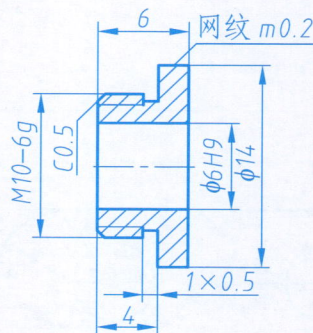

$\sqrt{Ra\,6.3}$ ($\sqrt{}$)

盖	比例	2:1	序号	5
	件数	1	材料	45

(4)

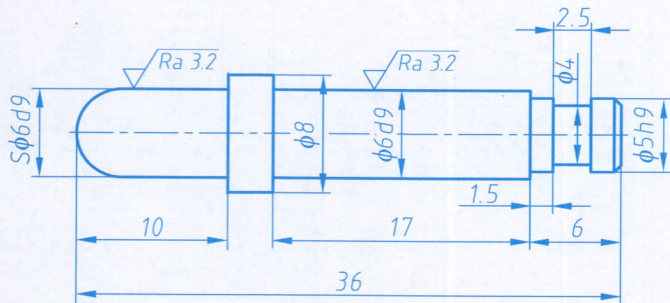

$\sqrt{Ra\,6.3}$ ($\sqrt{}$)

定位轴	比例	2:1	序号	1
	件数	1	材料	45

(5)

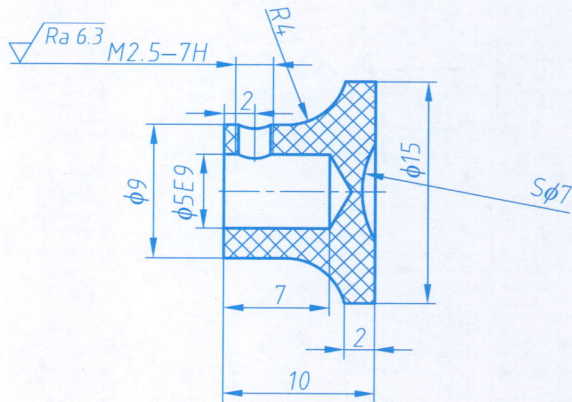

($\sqrt{}$)

把手	比例	2:1	序号	7
	件数	1	材料	塑料

9-3　画手动气阀装配图。

手动气阀工作原理

手动气阀是汽车上用的一种压缩空气开关机构。

当通过手柄球（序号 1）和芯杆（序号 2）将气阀杆（序号 6）拉到最高位置时，如下图所示，储气筒与工作气缸接通。当气阀杆推到最下位置时，工作气缸与储气筒的通道被关闭，此时工作气缸通过气阀杆中心的孔道与大气接通。气阀杆与气阀体（序号 4）孔是同隙配合，装有 O 形密封圈（序号 5），以防止压缩空气泄漏。螺母（序号 3）是固定手动气阀位置的。

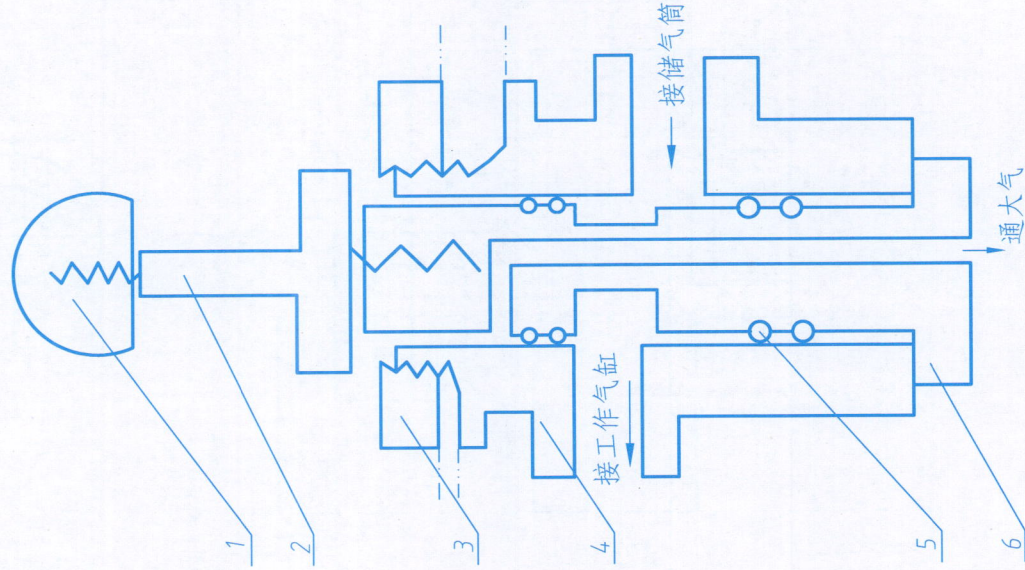

接储气筒

通大气

接工作气缸

1

2

3

4

5

6

手动气阀装配示意图

9-3　画手动气阀装配图。

(1)

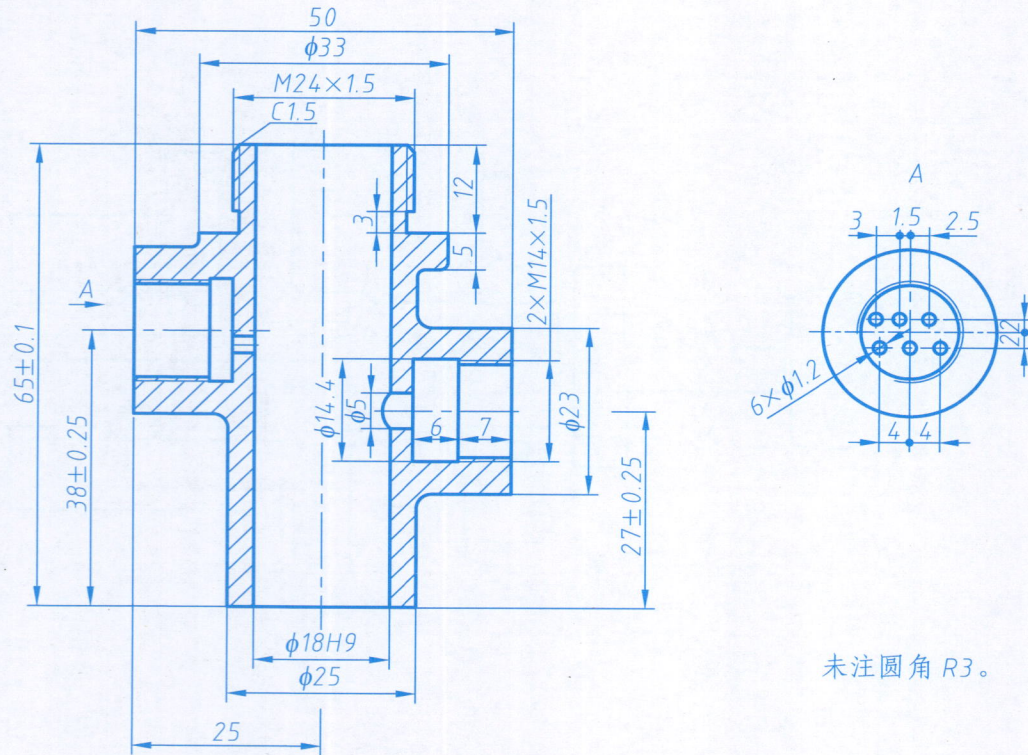

50
φ33
M24×1.5
C1.5
12
3
5
2×M14×1.5
A
65±0.1
38±0.25
φ14.4
φ5
6　7
φ23
27±0.25
φ18H9
φ25
25

A
3　1.5　2.5
22
6×φ1.2
4　4

未注圆角 R3。

阀体	比例	1:1	序号	4
	件数	1	材料	Q235

9-3 画手动气阀装配图。

(2)

A-A

I
4:1

ϕ1.5

ϕ22

18

2.1 1.5

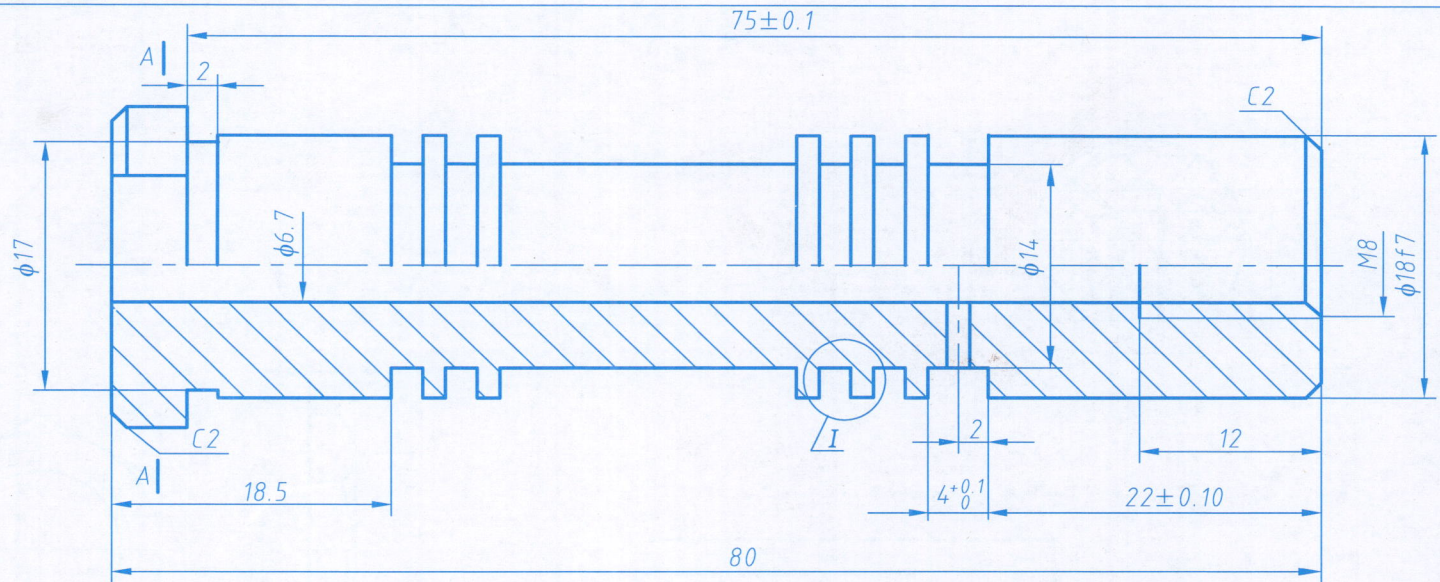

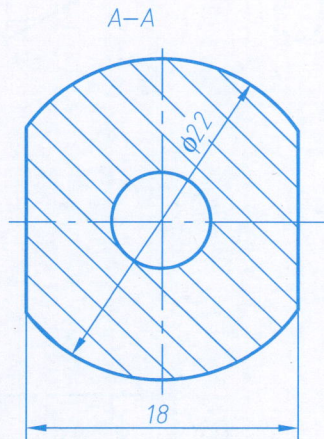

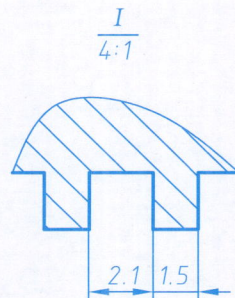

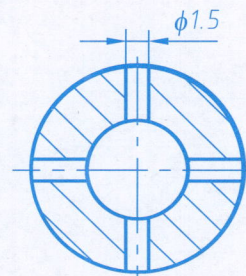

气阀杆	比例	2:1	序号	6
	件数	1	材料	45

9-3 画手动气阀装配图。

(3)

Sφ28　M6　18　15　25

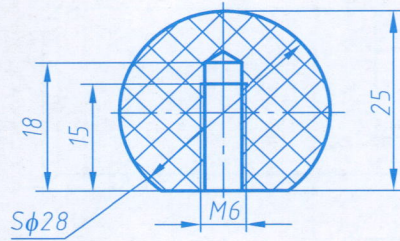

手柄球	比例	1:1	序号	1
	件数	1	材料	塑料

(4)

φ18　φ14　φ2

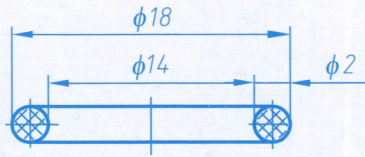

O形密封圈	比例	2:1	序号	5
	件数	4	材料	橡胶

(5)

6　4　M24×1.5　C2　30°　32

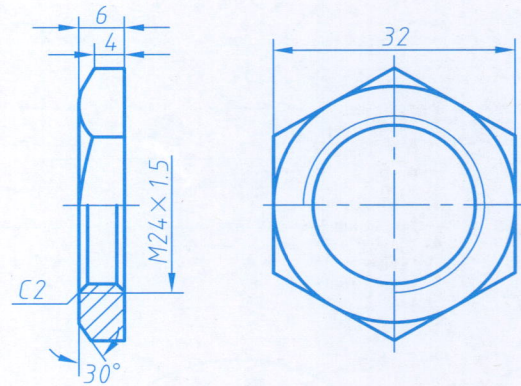

螺母	比例	1:1	序号	3
	件数	1	材料	Q235

9-3　画手动气阀装配图。

(4)

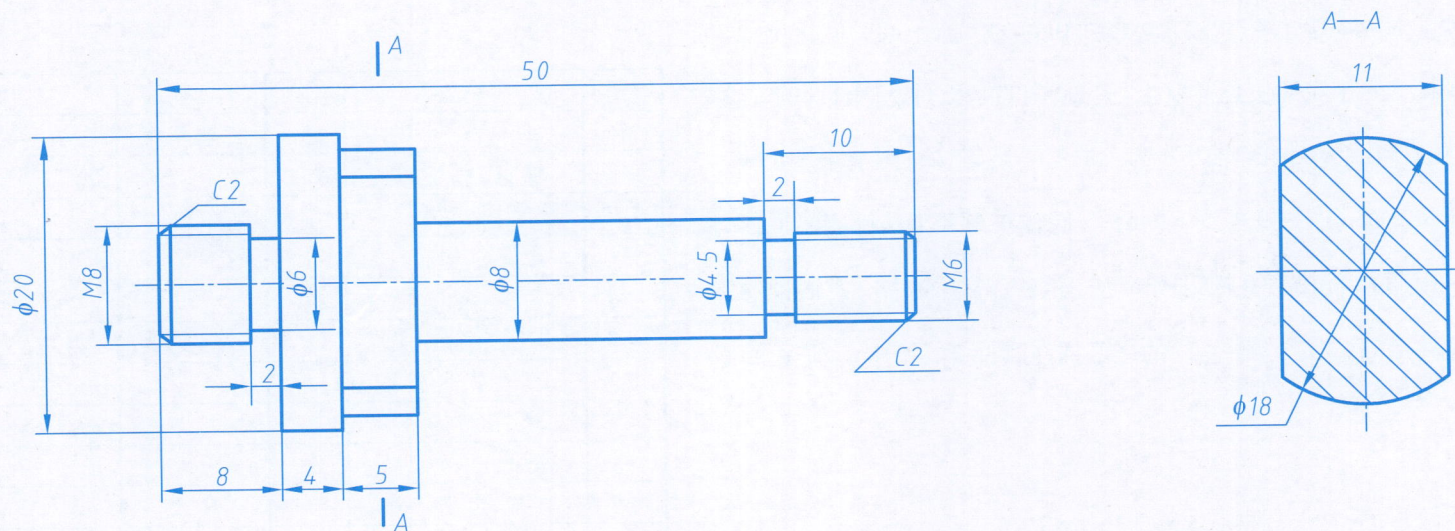

芯杆	比例	2:1	序号	2
	件数	1	材料	Q235

9-4 读行程截止阀装配图，并拆画零件图。

作业说明：看懂行程截止阀的装配图，并拆画阀体 1(或阀柱 3)的零件图。

工作原理说明：行程截止阀常用于电子工业专用设备上，它通过接嘴口串联在压缩空气管路中，在专用设备的特定零件控制下截断气流，使运动机件自动停止，图示位置为气流不通的截止位置。

由于阀柱 3 的相应部位直径较小，气缸内的余气可从阀体 1 的左面排气孔排出。 当滚动轴承 8 与上面的特定零件（图上未示出）压缩压簧 2 而将阀柱 3 推到下面时， 阀柱小直径部位使阀的进口和出口相通， 而排气孔被封闭， 压缩空气得以通过， 从而推动运动机件运动。 定位螺钉 11 的尾部插在阀柱 3 的槽中， 防止阀柱转动。

15	端盖	1	Q215	
14	垫片	1	工业用纸	
13	螺钉 M4×10	2		GB/T 65—2016
12	接嘴	2	Q215	
11	定位螺钉	1	45	
10	垫片	2	Q215	
9	销轴	1	45	
8	滚动轴承	1		GB/T 276-2013
7	螺钉 M4×12	4		GB/T 65—2016
6	垫圈 4-140HV	4		GB/T 97.1-2002
5	端盖	1	Q215	
4	密封圈	1	毛毡	
3	阀柱	1	45	
2	压簧 $\phi0.8\times\phi6\times40$	1		GB/T 4459.4-1984
1	阀体	1	40Cr	
序号	名称	数量	材料	备注

行程截止阀	共 2 张	第 1 张	比例	
	数量		图号	

制图		（日期）	
审核		（日期）	（校名）

9-4　读行程截止阀装配图，并拆画零件图。

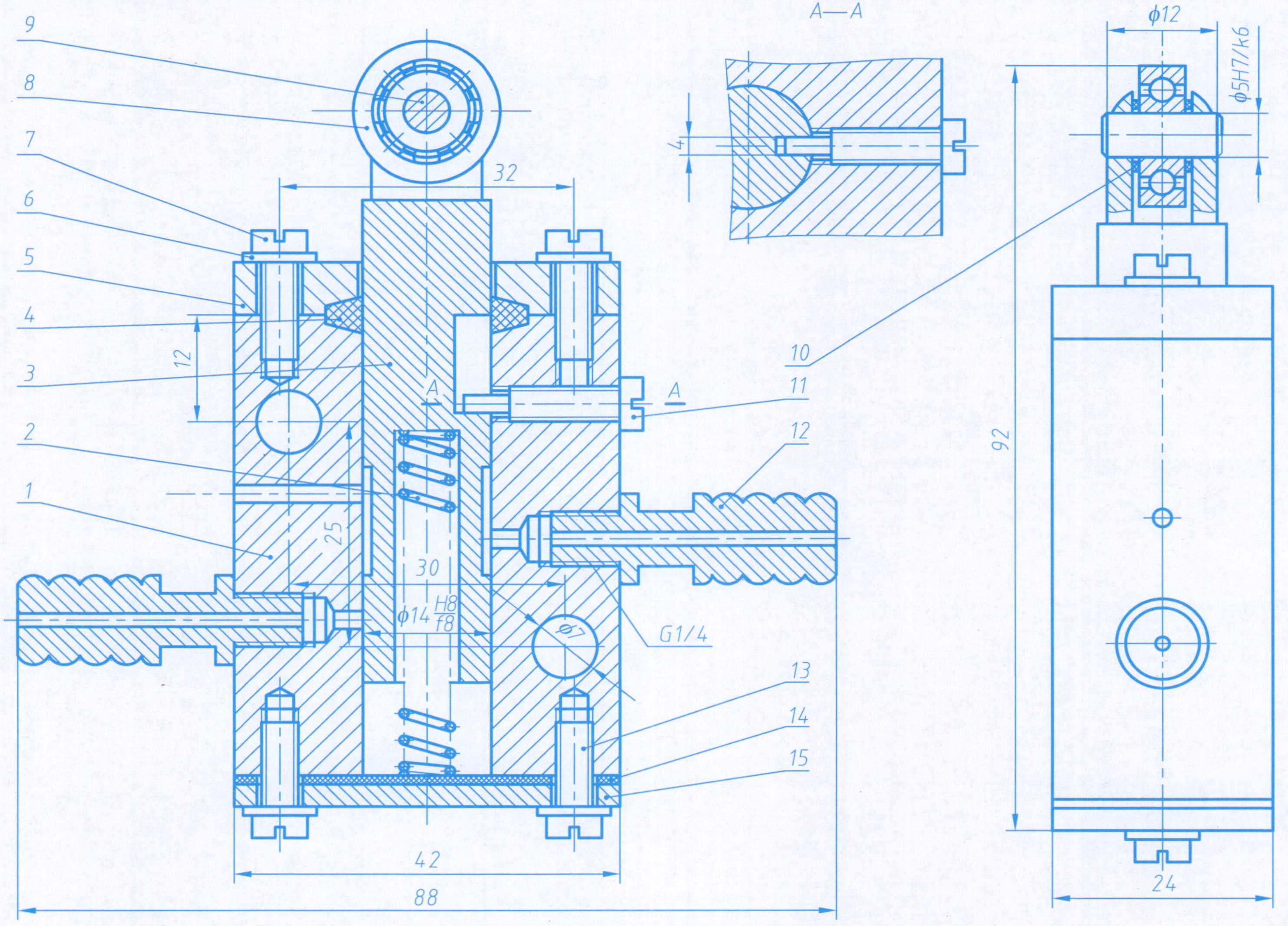

A—A
9
8
7
6
5
4
3
2
1
32
12
A
A
25
30
ϕ14 H8/f8
ϕ7
G1/4
10
11
12
13
14
15
42
88
4
ϕ12
ϕ5H7/k6
92
24

9-5　读平口钳装配图，并拆画零件图。

一、工作原理

　　平口钳用于装卡被加工的零件。使用时将固定钳体 8 安装在工作台上，旋转丝杠 10 推动套螺母 5 及活动钳体 4 做直线往复运动，从而使钳口板开合，以松开或夹紧工件。紧固螺钉 6 用来在加工时锁紧套螺母 5。

二、读懂平口钳装配图，作下列各题。

　　1. 回答问题

　　(1) 装配图由 ___ 种零件组成，其中标准零件序号 ___ 。
　　　　主视图采用 ____ 剖，左视图采用 ____ 剖，俯视图
　　　　采用 ____ 剖。

　　(2) 紧固螺钉 6 上面的两个小孔有什么用？

　　(3) 活动钳体 4 在装配图中的左右位置是怎么确定的？为什么？

　　(4) 垫圈 3 和垫圈 9 的作用是什么？

　　(5) 下列尺寸各属于装配图中的何种尺寸？

　　　0~91 属于 _____ 尺寸，　ϕ28H8/f8 属于 _____ 尺寸，
　　　160 属于 _____ 尺寸，　270 属于 _____ 尺寸。

　　(6) 说明 ϕ25H8/f8 的含义：轴孔配合属于 _____ 制，
　　　　_____ 配合，H8 是 _____ 代号，
　　　　f8 是 _____ 代号，ϕ25 是 _____ 尺寸。

　2. 根据平口钳装配图拆画零件图

　(1) 用 1:1 的比例在 A3 方格纸上拆画固定钳体 8 的零件图。
　　　各表面粗糙度 Ra 值 (μm) 可按以下要求标注：
　　　两端轴孔表面 (ϕ25, ϕ14) 可选 1.6；
　　　上表面及方槽中的接触表面可选 3.2；
　　　安装钳口板处两表面可选 6.3；
　　　其余切削加工面可选 25；
　　　铸造表面为　√。

　(2) 用 1:1 的比例在 A3 方格纸上拆画活动钳体 4 的零件图。

9-5 读平口钳装配图，并拆画零件图。

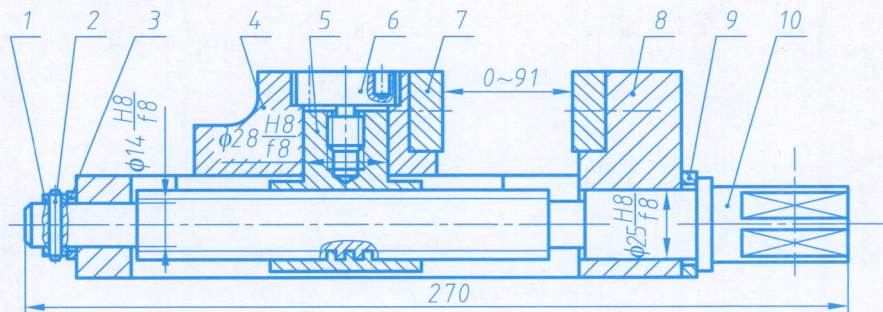

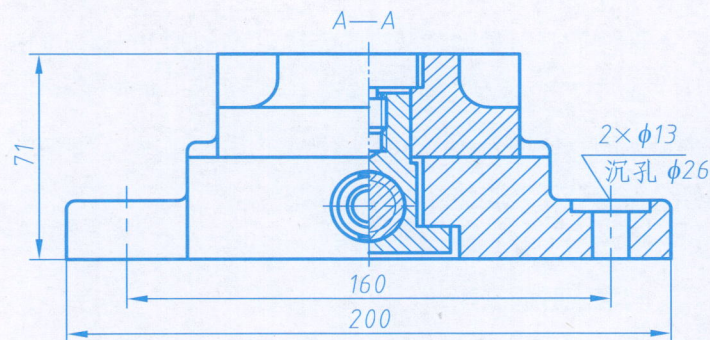

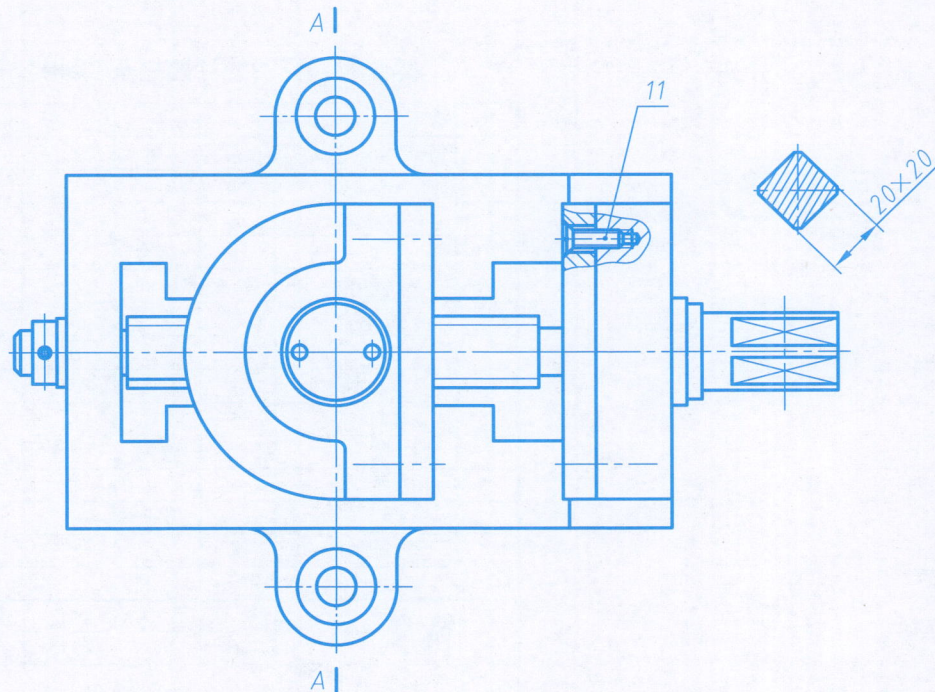

11	螺钉M6×20	4	35	GB/T 68—2016
10	丝杠	1	45	
9	垫圈	1	Q235	
8	固定钳体	1	HT150	
7	钳口板	2	45	
6	紧固螺钉	1	20	
5	套螺母	1	20	
4	活动钳体	1	HT150	
3	垫圈	1	Q235	
2	圆柱销4h8×26	1	35	GB/T 119.1—2000
1	挡圈	1	Q235	
序号	名称	数量	材料	备注

平口钳	共张数量	第张	比例	1:2.5
			图号	

制图		(日期)	(校名)
审核		(日期)	

9-6　读隔膜阀装配图，并拆画零件图。

一、工作原理

　　隔膜阀是一种调节气流的装置。当阀帽 1 受外力向下压时，通过隔膜 4 靠弹性压下阀杆 7，与阀杆连接的弹簧 10 被压缩，使阀杆与胶垫 8 之间产生空隙，由阀底部进入的气体均匀流入阀体 11 从右上方口排出。当阀帽的外力消除后，由于弹簧的弹力使阀杆压紧胶垫 8 而切断气流。

二、读懂隔膜阀装配图，作下列各题。

(1) 柱塞 12 和紧定螺钉 14 起什么作用?

(2) 俯视图中尺寸 62 属于 _____ 尺寸，72 属于 _____ 尺寸。

(3) 说明配合尺寸 $\phi 40H7/n6$ 的含意：属于 _____ 制 _____ 配合，

　　$\phi 40$ 是 _____，H 是 _____ 代号，7 是 _____。

(4) 拆画阀体 11 的零件图，可选比例 1:1，A3 图幅。

(5) 拆画套筒 6 或阀套 9 的零件图，自定比例、图幅。

隔膜阀装配图的标题栏及明细栏

14	紧定螺钉 M8×16	2	35	GB/T 75−2018
13	螺钉 M10×30	2	35	GB/T 65−2016
12	柱塞	1	Q235	
11	阀体	1	HT150	
10	弹簧	1	65Mn	
9	阀套	1	Q235	
8	胶垫	1	橡胶	
7	阀杆	1	45	
6	套筒	1	Q235	
5	衬垫	1	橡胶	
4	隔膜	1	橡胶	
3	阀盖	1	HT150	
2	衬套	1	Q235	
1	阀帽	1	45	
序号	名称	数量	材料	备注

隔膜阀	共 张	第 张	比例	1:1.5
	数量		图号	

制图		(日期)	(校名)
审核		(日期)	

166

72

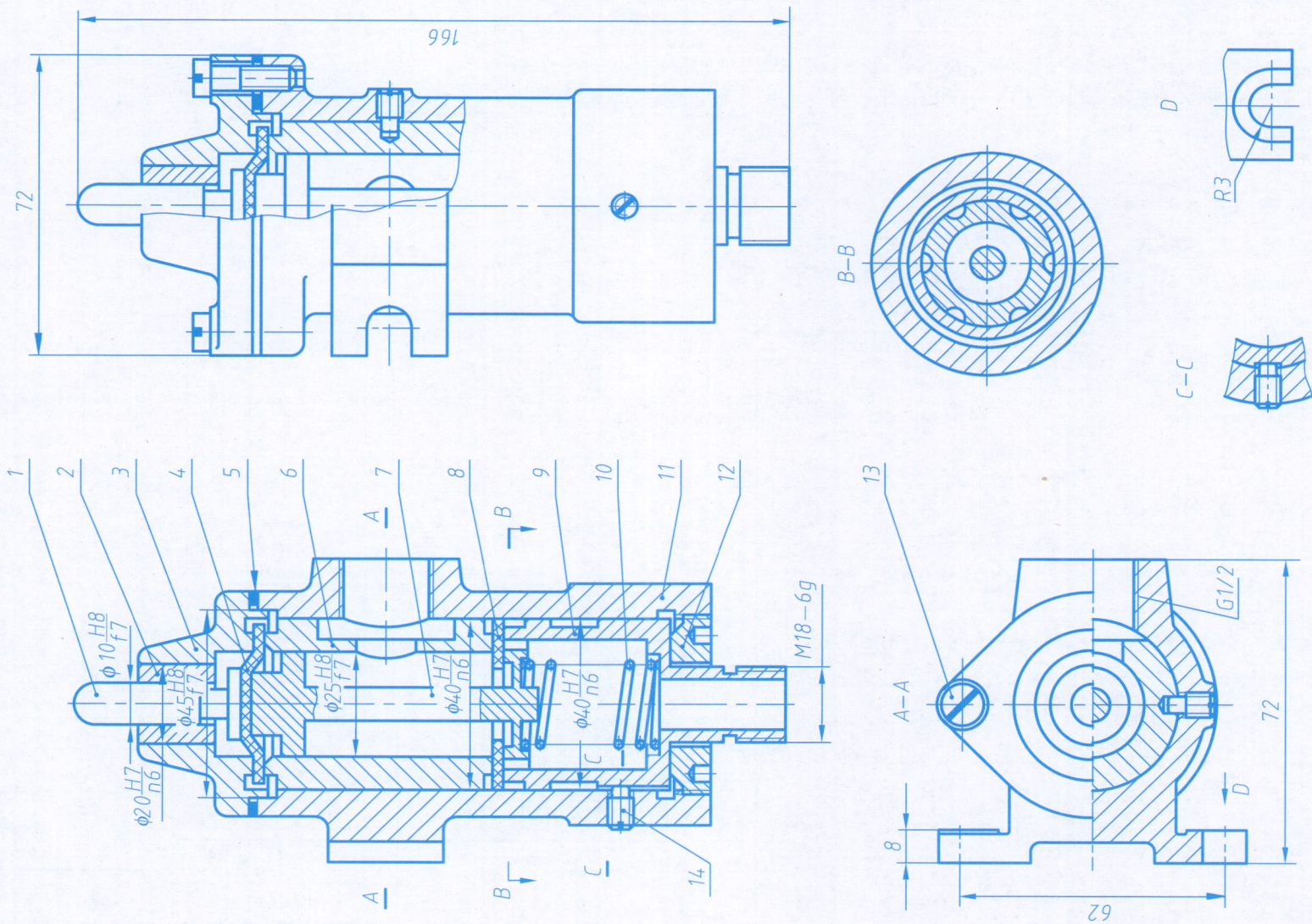

B—B

C—C

D

R3

1 2 3 4 5 6 7 8 9 10 11 12 13

$\phi 10 \frac{H8}{f7}$

$\phi 45 \frac{H8}{f7}$

$\phi 20 \frac{H7}{n6}$

$\phi 25 \frac{H8}{f7}$

$\phi 40 \frac{H7}{n6}$

$\phi 40 \frac{H7}{n6}$

M18—6g

A A

B B

C C

D

14

A—A

G1/2

72

8

62

9-7 读空气过滤器装配图，并拆画零件图。

(1) 作业说明:看懂空气过滤器的装配图，并拆画针形阀杆1或过滤器件9的零件图。

(2) 工作原理：过滤器可以除去空气中的悬尘埃粒子和微生物，即过滤器通过滤料将尘埃粒子捕集截留下来，以保证送入风量的洁净度要求。它所用的滤料为较细直径的纤维，既能使气流顺利通过，又能有效地捕集尘埃粒子。

(3) 回答问题：

① 空气过滤器共用了＿＿＿个视图来表达。主视图采用了＿＿＿剖视。由于过滤器前后对称，C向视图只画了一半，还有件9的A向视图，因其对称也只画了一半，这种画法既是一种＿＿＿画法，也可视为是＿＿＿视图的画法特例。

② 图中M60×2表示件＿＿＿和件＿＿＿之间是用＿＿＿（选填"精密""中等""粗糙"）公差精度的＿＿＿螺纹连接的。

③ 空心螺钉3的作用，一是使输入的空气能进入件＿＿＿的内腔，二是将件6固定在件＿＿＿上。B—B＿＿＿（填"剖视图"或"断面图"）表达了件3头部的内形。

④ 件5、件7、件8均为垫片，它们的作用都是＿＿＿＿＿。件4的厚度为＿＿＿。

⑤ 若要清洗多孔陶瓷管6，需先将其拆下。拆卸时应先旋下件＿＿＿，然后用开口宽度略大于＿＿＿＿的扳手旋下件＿＿＿，才能取下件6。

9	KG-20-09	过滤器件	1	HT200		
8	KG-20-08	垫片	1	橡胶		φ45/φ50/2
7	KG-20-07	垫片	1	橡胶		φ58/φ50/2
6	KG-20-06	多孔陶瓷管	1	陶瓷		φ44/φ30
5	KG-20-05	垫片	1	橡胶		φ44/φ11/2
4	KG-20-04	压板	1	Q235		φ44/φ11/2
3	KG-20-03	空心螺钉	1	Q235		
2	KG-20-02	分滤容器	1	HT200		
1	KG-20-01	针形阀杆	1	Q235		
序号	图号	名称	数量	材料	单件 总计 质量	备注

标记	处数	分区	更改文件号	签名	年、月、日	（材料标记）	（单位名称）
设计	(签名)	(年月日)	标准化	(签名)	(年月日)	阶段标记　质量　比例	空气过滤器
审核						1:1	KG-02-00
工艺			批准			共　张　第　张	

9-7 读空气过滤器装配图，并拆画零件图。

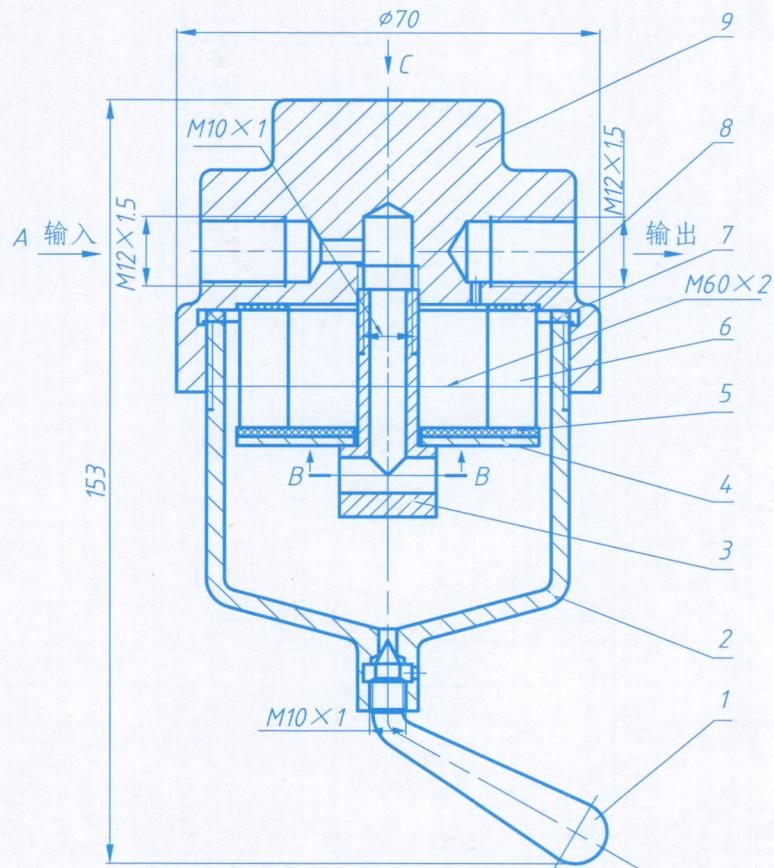

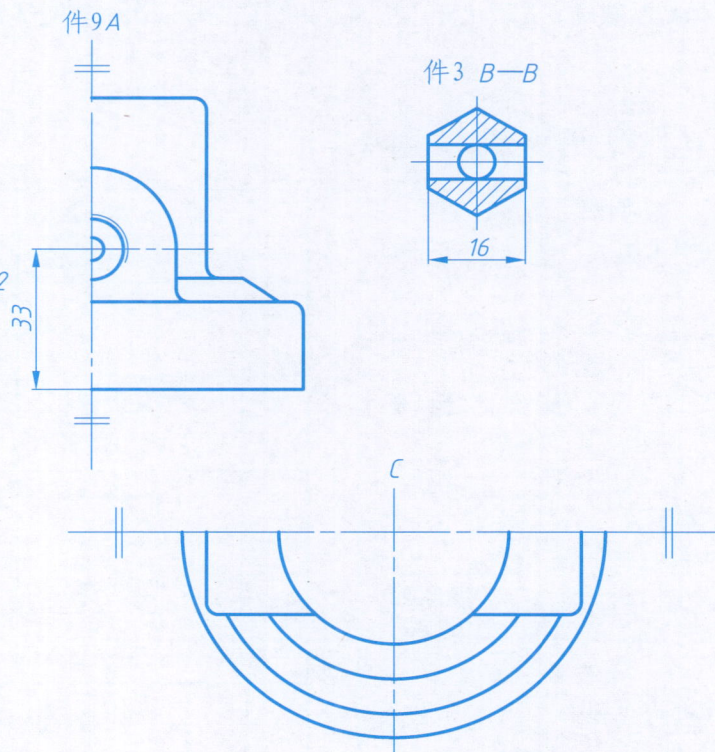

件9 A

件3 B—B

16

技术要求

1. 装配前各零件均需清洗洁净。

2. 装配后应进行试过滤，输出空气含水量和灰尘等必须达到空气
压缩的进气标准时，方可投入使用。

9-8　读钻模装配图并拆画零件图。

(1) 作业说明：看懂钻模的装配图，并拆画底座1或钻模板2的零件图。

(2) 工作原理：钻模用于装夹、定位工件(图中双点画线表示)，以便钻头在工件上钻孔。将工件装在钻模上，即可用钻头钻孔，在钻孔完成后旋松特制螺母，先取出开口垫圈，再将钻模板取出，才能拿出工件。

(3) 回答问题。

① 装配图由____种零件组成，其中____个标准件，其序号是____。

② 该图样由____个视图组成，主视图采用____图，俯视图采用____视图，左视图采用___视图。

③ 件2与件3是____配合，件4与件6是____配合，件2与件7是____配合。

④ 件1在主视图的左上角空白处的结构在该零件上共有____处，其作用是____。

⑤ 钻孔完成后，应先旋松件____，再取下件____，然后拿出件____，以便取下工件。

⑥ 主视图中尺寸$\phi 3H7/m6$表示件____和件____是____制____配合，在零件图上标注这一尺寸时，孔的尺寸是____，轴的尺寸是____。

⑦ 主视图中双点画线表示_____，该零件上有____处需要钻孔，这种表达方法称为____。

序号	代号	名称	数量	材料	单件	总计	备注
					质量		
9	GB/T 6170—2015	螺母	2	35			M10
8	GB 119—2000	销	1	40			A3×28
7	Z170-05-07	衬套	1	45			
6	Z170-05-06	特制螺母	1	35			
5	Z170-05-05	开口垫圈	1	40			
4	Z170-05-04	轴	1	40			
3	Z170-05-03	钻套	3	T8			
2	Z170-05-02	钻模板	1	40			
1	Z170-05-01	底座	1	HT200			

标记	处数	分区	更改文件号	签名	年、月、日				(材料标记)	(单位名称)
设计	(签名)	(年月日)	标准化	(签名)	(年月日)	阶段标记	质量	比例		钻模
审核								1:1		Z170-05
工艺			批准			共　张　第　张				

9-8　读钻模装配图并拆画零件图。

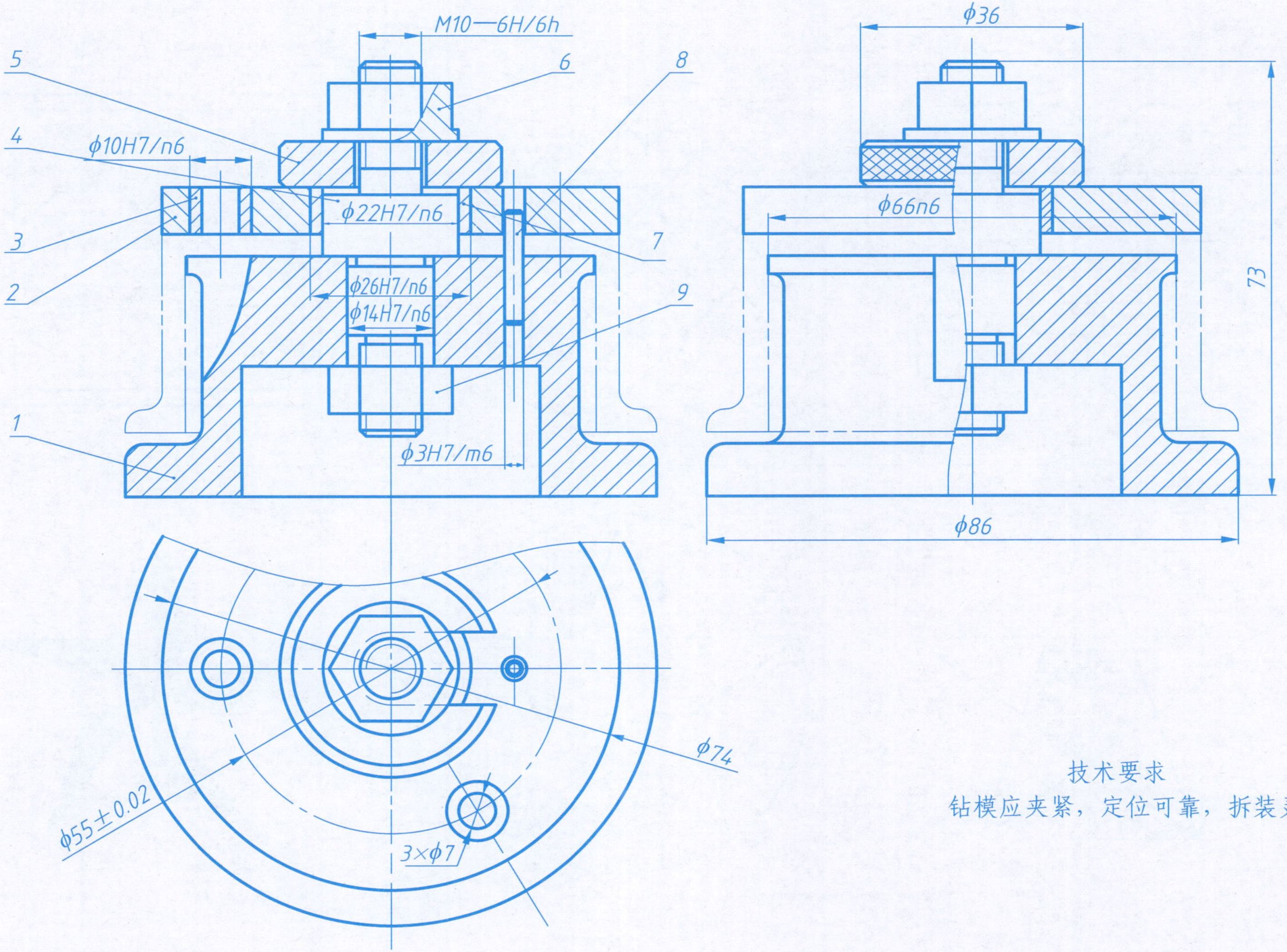

M10—6H/6h

5

6

8

4　　φ10H7/n6

φ22H7/n6

7

3

2

φ26H7/n6

φ14H7/n6

9

1

φ3H7/m6

φ36

φ66n6

73

φ86

φ74

φ55±0.02

3×φ7

技术要求

钻模应夹紧，定位可靠，拆装灵活。

10-1 在计算机上进行图案练习，尺寸自定。

(1)

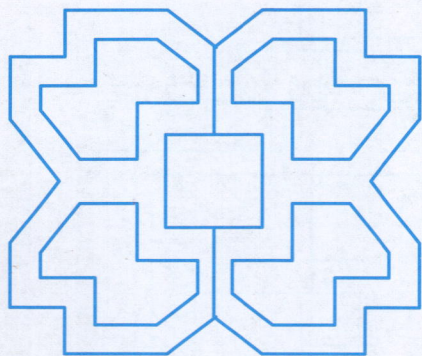

(2)

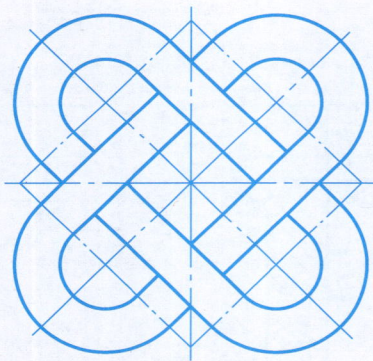

(3)

(4)

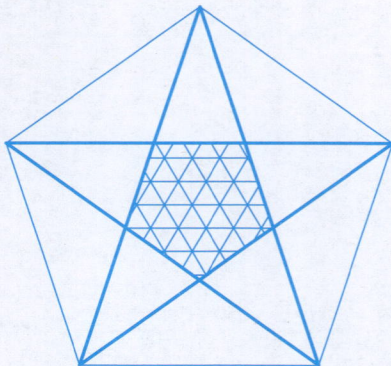

(5)

(6)

10-2 在计算机上绘制下列图案，尺寸自定。

(1)

(2)

(3) 根据图中给出的素材绘制图中所示的尺子图形。

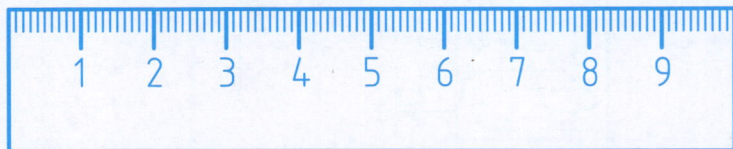

(4)

(5)

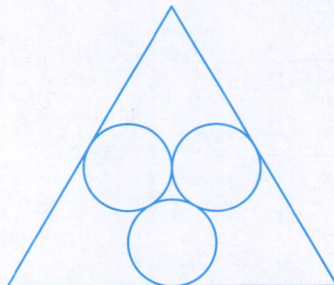

(6)

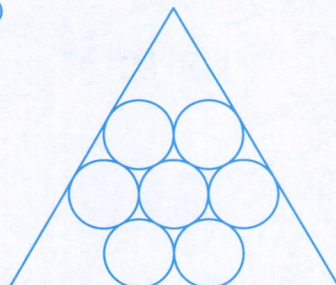

(7)

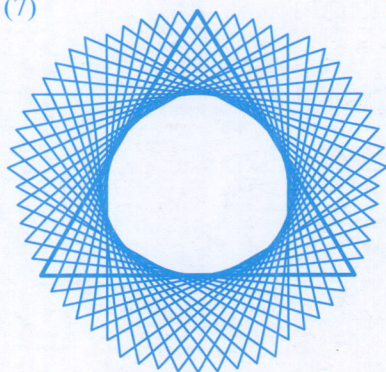

(8)

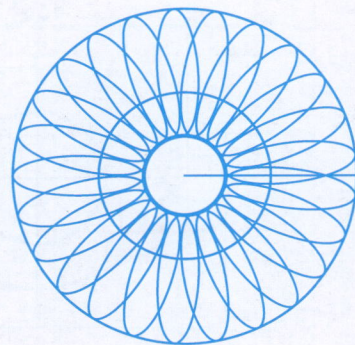

10-3 按照图中所注尺寸，在计算机上绘制圆弧连接图形。

(1)

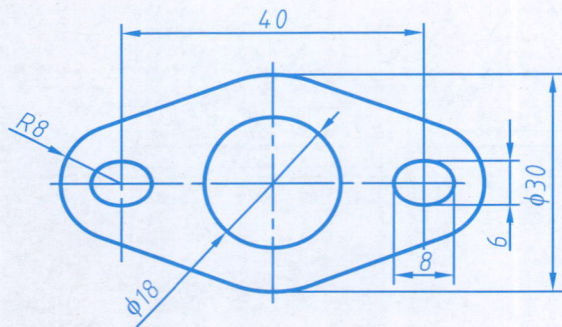

(2)

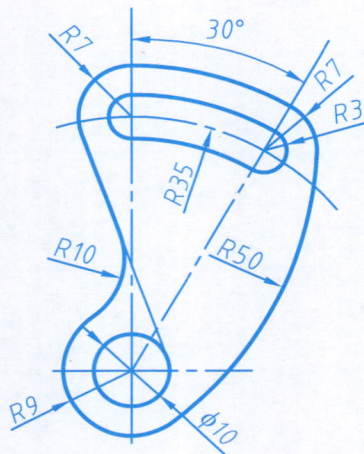

(3)

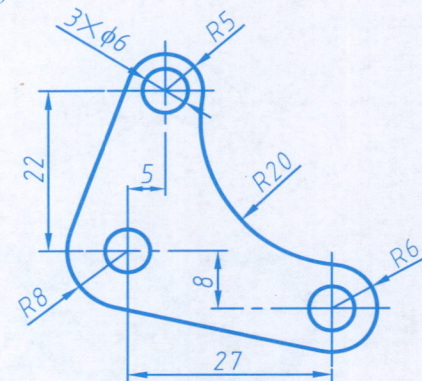

(4)

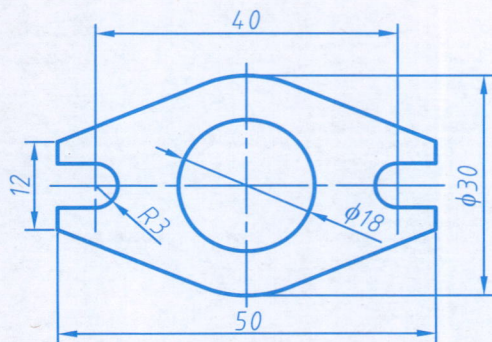

(5)

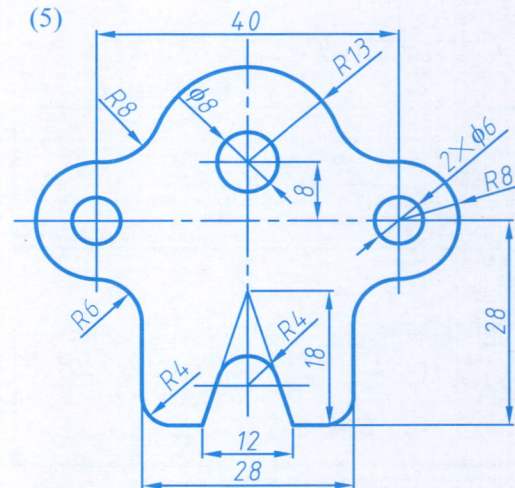

10-4 按照图中所注尺寸，在计算机上绘制切割体视图。

(1)

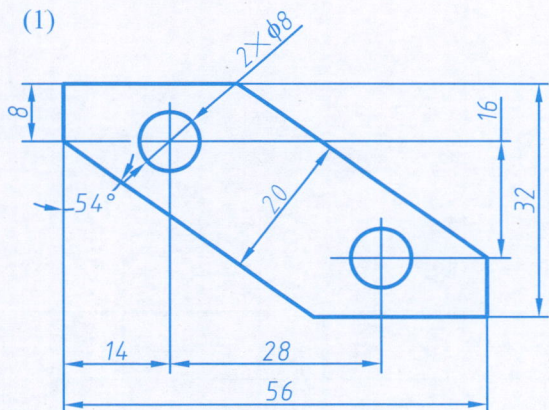

(2)

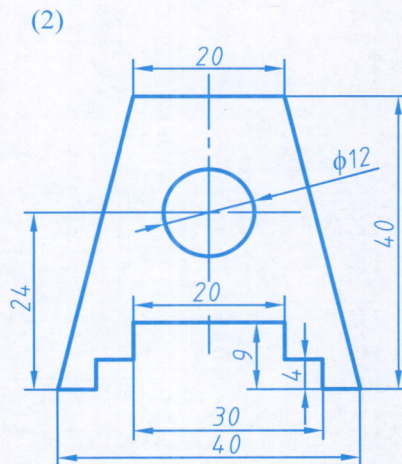

(3)

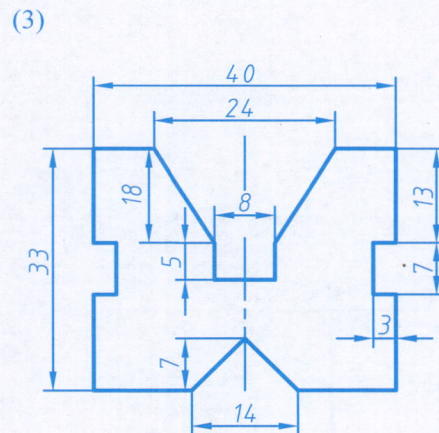

(4)

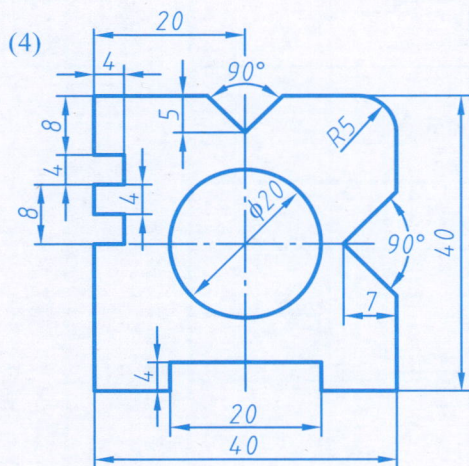

(5)

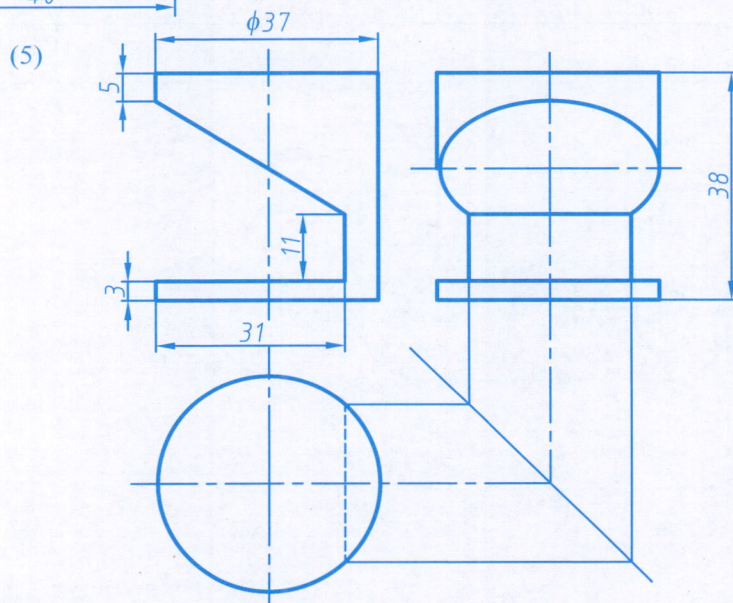

10-5　按照图中所示尺寸，在计算机上抄画三视图，比例1:1。

(1)

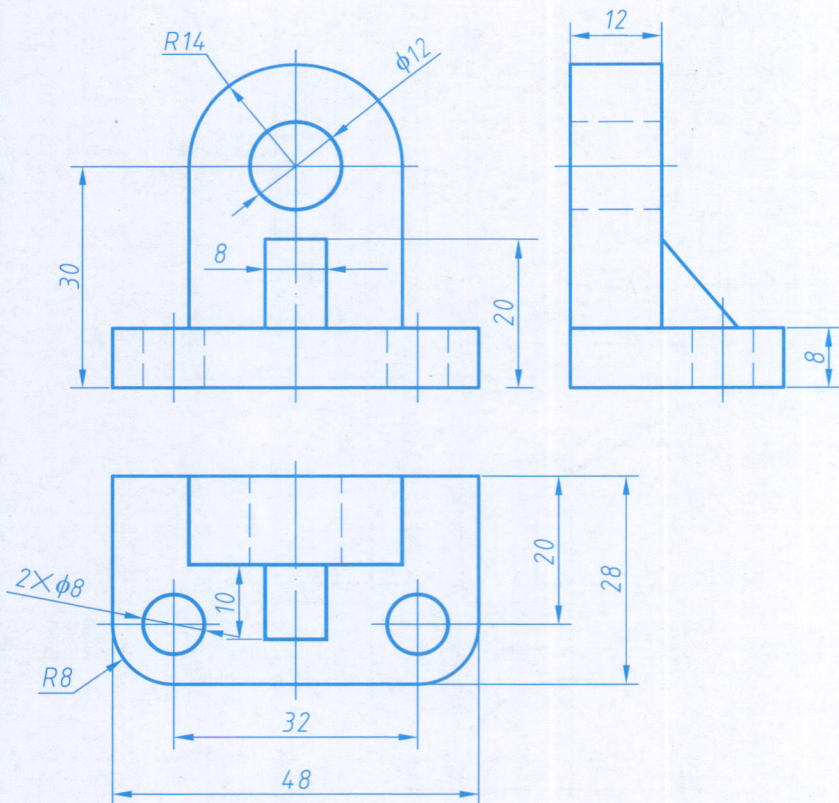

(2)

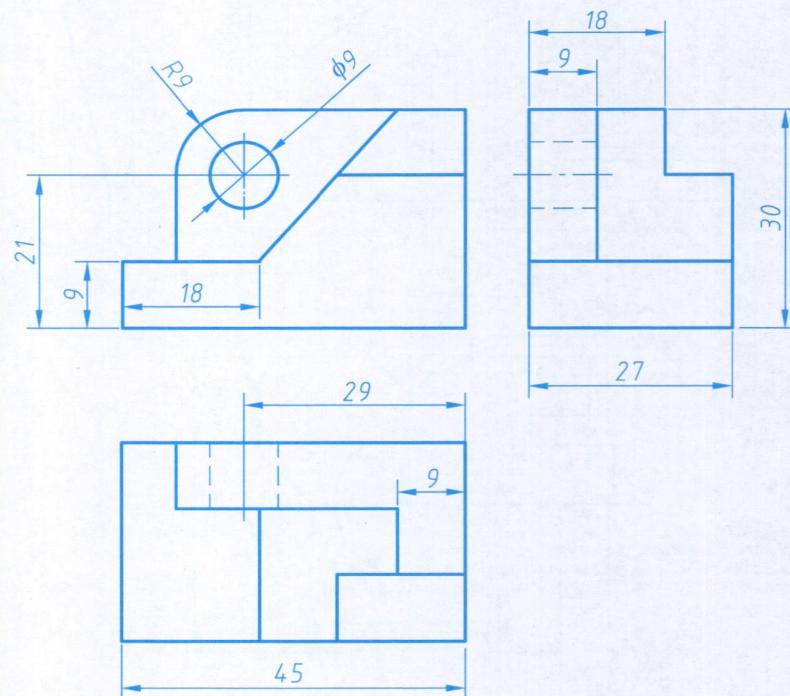

10-6 按照图中所注尺寸，在计算机上绘制剖视图。

(1)

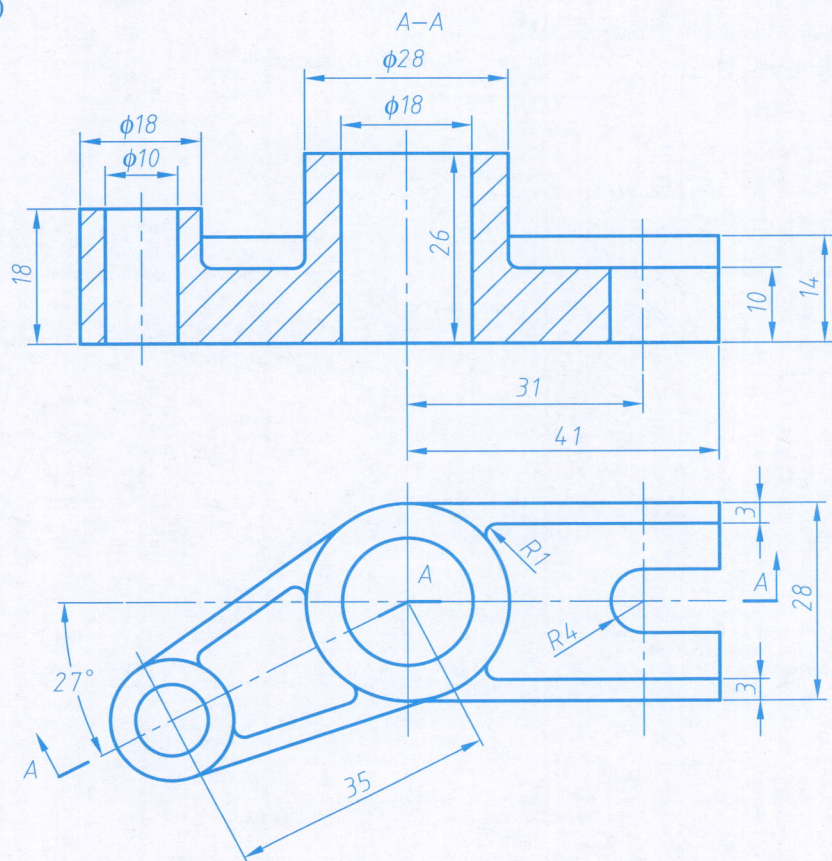

(2)

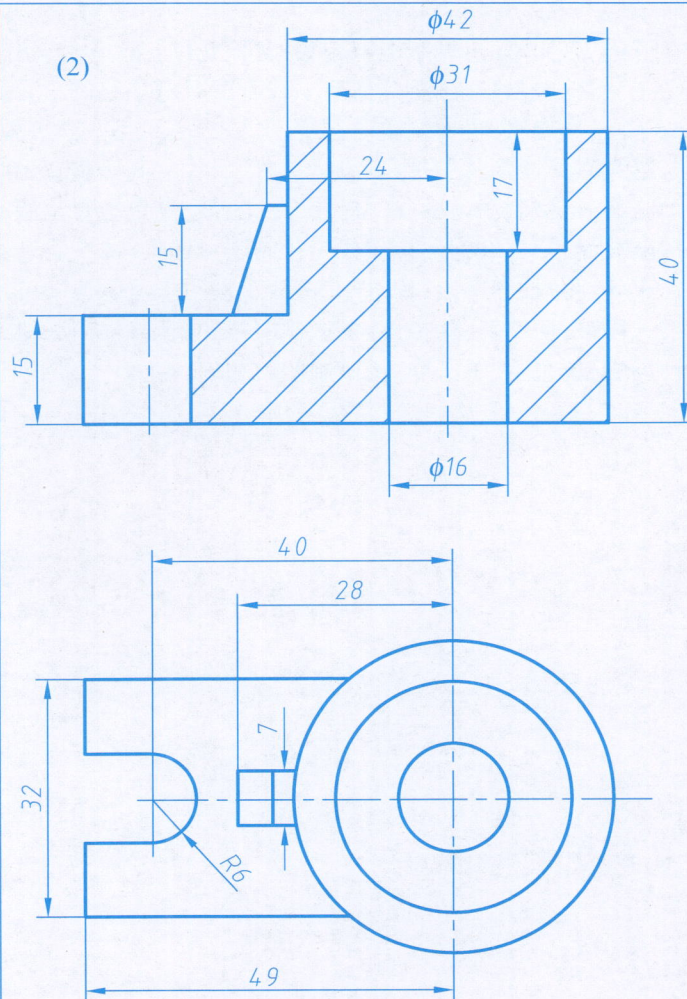

参 考 文 献

[1] 叶霞,张向华.机械制图习题集[M].北京:清华大学出版社,2023.

[2] 王兰美,殷昌贵.画法几何及工程制图习题集[M].3 版.北京:机械工业出版社,2021.

[3] 丁一,李奇敏.机械制图习题集[M].2 版.北京:高等教育出版社,2020.

[4] 赵大兴.工程制图习题集[M].2 版.北京:高等教育出版社,2009.

[5] 王巍.机械制图习题集[M].2 版.北京:高等教育出版社,2009.

[6] 陆载涵,刘桂红,张哲.现代工程制图习题集[M].北京:机械工业出版社,2013.

[7] 宋健,蒋丹,李文治,等.现代机械工程图学习题集[M].3 版.北京:高等教育出版社,2015.

[8] 钱可强,何铭新,徐祖茂.机械制图习题集[M].7 版.北京:高等教育出版社,2015.

[9] 冯涓,杨惠英,王玉坤.机械制图习题集:机类、近机类[M].4 版.北京:清华大学出版社,2018.